I084170S

# Introduzione

La sicurezza sul lavoro è un argomento di fondamentale importanza che tocca ogni settore e ogni professione. Ogni anno, migliaia di lavoratori in tutto il mondo subiscono infortuni sul lavoro, molti dei quali potrebbero certamente essere prevenuti con le giuste precauzioni e con procedure frutto della competenza del datore di lavoro.

Questo volume si propone di esplorare in profondità la questione della sicurezza sul lavoro quale competenza complessiva esprimendo un punto di vista ed un focus specifico del contesto italiano.

Questo perché non è vero che la sicurezza sul lavoro, essendo per molti versi un fattore culturale venga espresso in tutti i paesi in maniera uniforme, esistono sensibilità diverse e diversi modi di affrontare la cultura imprenditoriale. Seppure le norme europee siano le medesime, il recepimento deve tener conto delle specificità del singolo territorio ed essere armonizzate con il *Corpus Juris* vigente.

La sicurezza sul lavoro, tuttavia, non riguarda solo la prevenzione degli infortuni, altresì si propone di creare quella cultura specifica in un ambiente di lavoro che promuova il benessere dei dipendenti, che a sua volta porti ad una maggiore consapevolezza, generatori di produttività e positività morale.

Le aziende che non adottano adeguate misure di sicurezza potrebbero trovarsi ad affrontare gravi conseguenze legali e finanziarie, che allo stato attuale possono essere anche inaspettatamente elevate oltre che penalmente rilevanti per i responsabili effettivi.

Il nostro obiettivo con questo volume è di fornire una guida sintetica ma il più possibile completa sulla sicurezza sul lavoro in Italia, coprendo tutto dal punto di vista dei concetti applicabili, alla gestione dei rischi, alle strategie di prevenzione.

L'obiettivo vero che ci poniamo però è quello di far comprendere e non di complicare, portando il lettore al cuore della questione facendone capire solo i pochi ma basilari concetti chiave che guidano l'operato del legislatore, nell'ottemperare alla tutela della salute e della sicurezza dei lavoratori.

Che tu sia un datore di lavoro che cerca comprendere come puoi garantire la sicurezza dei tuoi dipendenti, un lavoratore che vuole conoscere meglio i propri diritti, o semplicemente un interessato che desidera saperne di più su questo argomento, troverai questo libro informativo e utile.

Nel corso di questo libro, esploreremo i vari aspetti della sicurezza sul lavoro, compresi i diversi tipi di rischi a cui i lavoratori possono essere esposti, come questi rischi possono essere gestiti e minimizzati, e quali sono i diritti e le responsabilità dei lavoratori e dei datori di lavoro in Italia. Speriamo che, leggendo questo ebook, sarai meglio attrezzato per gestire e prevenire i rischi sul luogo di lavoro, contribuendo a creare un ambiente di lavoro più sicuro per tutti.

Cercherò, per quanto possibile l'utilizzo di termini poco tecnici, sperando però che leggendo l'intera opera tu possa comprendere non solo l'aspetto specifico, ma il contesto generale nel quale si sia mosso il legislatore per costruire un panorama organico su un aspetto così delicato.

### Nota dell'autore

Considerando che l'argomento è ostico in sé, vorrei chiarire che la mia trattazione sarà dedicata a semplificare e a spiegare con parole alla portata di tutti i concetti specifici della normativa, proprio per tale motivo riteniamo che il libro abbia una sua utilità oltre tutta la sovrabbondante letteratura presente in materia di per sé estremamente specifica e a tratti anche estremamente valida. Se cerchi un manuale infarcito di leggi e di articoli, probabilmente dovrai recarti su un sito specializzato nella detenzione delle leggi e armato di pazienza trovare le risposte che cerchi. Qui troverai solo i ragionamenti generali e l'approccio sistemico, questo è l'obiettivo che ci siamo dati e questo sarà.

### Ringraziamenti

Prima di iniziare la trattazione degli argomenti mi corre l'obbligo morale di fare un ringraziamento speciale a quello che considero un maestro della materia, senza che però lui se ne sia mai arrogato il termine, virtuoso del campo e per me uomo di inestimabile valore.

I miei ringraziamenti vanno a Renzo Melchiori, al tempo in cui lo conobbi, Responsabile di tutto il servizio di prevenzione e protezione del Gruppo Iveco Spa, il quale con i suoi consigli ed i suoi rimproveri, talvolta rudi, mi ha fatto capire l'approccio sistemico e normativo a questa materia. Senza di lui non avrei capito nel modo giusto come applicare i fondamenti di questa disciplina. Nelle nostre chiacchierate mi ha fatto vedere strumenti che non si trovano sui libri, come l'approccio al sistema della sicurezza come spesso mi ha ripetuto "armonizzato" e un impegno professionale serio e puntuale che anch'esso, non trovandosi sui testi, se non innato, deve essere imparato. Senza questi strumenti la strada sarebbe stata certamente più facile, ma ne avrei percorsa molto meno. Grazie Renzo!

# Concetti di base della sicurezza sul lavoro

## Definizione di sicurezza sul lavoro

La sicurezza sul lavoro, nota anche come sicurezza e salute sul lavoro, è la disciplina che si concentra sulla prevenzione degli incidenti e delle malattie professionali nel luogo di lavoro. Include l'identificazione, la valutazione e il controllo o gestione dei rischi legati all'ambiente di lavoro. Il fine ultimo di questa disciplina è creare un ambiente di lavoro sicuro e salubre, promuovendo il benessere fisico e mentale a beneficio del lavoro stesso e del buon clima aziendale.

## Contesto storico della sicurezza sul lavoro in Italia

La sicurezza sul lavoro in Italia ha visto significative evoluzioni nel corso degli anni. Prima degli anni '50, le misure di sicurezza erano minime e gli incidenti sul lavoro erano considerati un rischio inevitabile della professione o un danno collaterale inevitabile.

Tuttavia, già con l'avvento della rivoluzione industriale e il conseguente aumento degli infortuni e degli incidenti sul lavoro, è diventato evidente che sarebbero state necessarie normative più specifiche per proteggere i lavoratori.

In un certo senso la normativa è andata via via affinandosi fino a diventare un *corpus juris* complessivo che, come vediamo al giorno d'oggi, organicamente funzionante.

Negli anni '50 l'Italia ha adottato le sue prime leggi importanti sulla sicurezza sul lavoro. Queste norme, modificate nel corso degli anni 70 e 90 sono poi confluite grossomodo in maniera complessiva nel 2008 dal Testo Unico sulla Sicurezza sul Lavoro (D.Lgs. 81/2008), che ha consolidato semplificando ed armonizzato la legislazione esistente sulla sicurezza sul lavoro[1].

## Importanza della sicurezza sul lavoro in termini economici e sociali

---

[1] Evitiamo qui di elencare le norme principali nel tempo susseguitesi, al fine di non caricare di riferimenti normativi il lettore che, come abbiamo specificato, è un non addetto ai lavori.

Come abbiamo detto la sicurezza sul lavoro è importante al fine di garantire e tutelare la salute dei lavoratori; tuttavia, dal punto di vista economico e sociale lo scatto culturale avvenuto a partire dagli anni 70 in poi era quello di considerare il lavoratore non solo come *addendum* della macchina ma come risorsa umana. A tal fine è quindi facilmente comprensibile che la tutela del lavoratore si trasforma di fatto nella tutela dell'azienda, perché il lavoratore è capitale umano che ha un costo di formazione elevato la cui resa, come un qualsiasi altro strumento della produzione, è preziosa fintanto che è integra.

Per quanto riguarda invece l'aspetto meramente sociale, la tutela del lavoratore è importante in quanto il costo dei risarcimenti e del mantenimento a carico dell'Inps e della collettività in senso globale, sono diventati un importante voce di spesa nel capitolo del bilancio dello Stato.

Ecco che quindi la necessità di tutelare il lavoratore dal punto di vista economico a beneficio dell'azienda e dal punto di vista sociale a beneficio delle casse dello Stato. Dal punto di vista umano in quanto essere attivo e partecipe della vita sociale, la disposizione di normative sempre più raffinate per la tutela della sua salute e della sua sicurezza sul luogo di lavoro.

Possiamo quindi concludere che la sicurezza sul lavoro è fondamentale non solo per le sue finalità dirette verso i lavoratori, ma anche nel quadro più ampio della produttività economica. Gli incidenti sul lavoro e le malattie professionali comportano costi significativi per le aziende, come i costi diretti come spese mediche e i costi indiretti come la perdita di produttività e i costi di sostituzione del personale oltre che l'ambito penale e risarcitorio.

Non possiamo sottovalutare la sicurezza sul lavoro come l'elemento di grande impatto sociale nel suo complesso. Gli incidenti sul lavoro e le malattie professionali comportano costi sociali, come l'assistenza sanitaria e le prestazioni di invalidità a carico di tutta la collettività oltre che per il malcapitato. Inoltre, promuovere la sicurezza sul lavoro contribuisce a creare una società più giusta ed equa, in cui ogni lavoratore ha il diritto di lavorare in un ambiente sicuro e salubre, così come dovrebbe essere in uno stato di diritto.

# La legge italiana sulla sicurezza sul lavoro

## Il Testo Unico sulla Sicurezza sul Lavoro (D.Lgs. 81/2008).

La sicurezza sul lavoro è una tematica cruciale che riguarda ogni realtà lavorativa, dalla piccola impresa all'organizzazione multinazionale. Il Decreto Legislativo n. 81 del 9 aprile 2008, noto anche come Testo Unico sulla Sicurezza sul Lavoro, rappresenta la normativa di riferimento in Italia per garantire la salute e la sicurezza dei lavoratori in ogni settore.

Il Testo Unico sulla Sicurezza sul Lavoro, D.Lgs. 81/2008, nasce con l'obiettivo di semplificare e razionalizzare le normative preesistenti, armonizzando e rendendo più accessibili le informazioni e gli obblighi per le aziende e i lavoratori. Raccoglie e unifica diversi decreti legislativi, dando vita a un testo organico e comprensivo.

Il decreto è articolato in cinque titoli e si applica a tutti i settori di attività, sia pubblici che privati, e riguarda tutte le figure professionali coinvolte, dai lavoratori ai dirigenti, dai medici competenti ai responsabili del servizio di prevenzione e protezione, infine, anche ai lavoratori che diventano da soggetto passivo ad essere soggetto attivo della tutela.

Titolo I del decreto definisce i principi fondamentali della salute e sicurezza sul lavoro e gli obblighi dei datori di lavoro. Tra questi, si include l'obbligo di effettuare la valutazione dei rischi e la redazione del Documento di Valutazione dei Rischi (DVR).

Titolo II introduce le misure di prevenzione e protezione da adottare, tra cui l'adozione di sistemi di gestione della sicurezza sul lavoro, la formazione dei lavoratori e l'informazione sui rischi specifici.

Titolo III tratta della tutela della salute nei luoghi di lavoro, occupandosi di aspetti come la sorveglianza sanitaria, la gestione delle emergenze e la tutela della maternità.

Titolo IV riguarda l'organizzazione della prevenzione nelle aziende, dettando le norme per la designazione del responsabile del servizio di prevenzione e protezione e per la costituzione del servizio di prevenzione e protezione.

Titolo V introduce le procedure di accertamento delle malattie professionali e delle inabilità causate da infortuni sul lavoro.

La sicurezza sul lavoro concettualmente è una questione di diritti e responsabilità condivise. Il datore di lavoro ha il dovere di garantire un ambiente di lavoro sicuro, mentre i lavoratori hanno il diritto di operare responsabilmente in un contesto che rispetta la loro salute e integrità fisica. Questo capitolo esplorerà le responsabilità del datore di lavoro e i diritti dei lavoratori in termini di sicurezza sul lavoro, come delineati dal D. Lgs. 81/2008.

## Responsabilità del Datore di Lavoro

Il datore di lavoro ha una serie di responsabilità fondamentali in materia di sicurezza sul lavoro. Tra queste:

**Effettuare la Valutazione dei Rischi**: Il datore di lavoro è tenuto a effettuare una valutazione dei rischi che possono presentarsi nel luogo di lavoro e adottare le misure necessarie per prevenirli o ridurli.

**Informazione e Formazione:** Deve fornire ai lavoratori informazioni complete e chiare sui rischi presenti nell'ambiente di lavoro e sulla maniera corretta di affrontarli. Deve inoltre garantire una formazione adeguata e continua sui temi della sicurezza.

**Sorveglianza Sanitaria**: È obbligato a garantire la sorveglianza sanitaria dei lavoratori, ossia controlli medici periodici, specialmente per coloro che svolgono mansioni a rischio.

**Consultazione dei lavoratori:** Il datore di lavoro deve consultare periodicamente i lavoratori a mezzo dei loro rappresentanti per discutere le questioni legate alla sicurezza e alla salute sul lavoro.

## Diritti dei Lavoratori

I lavoratori hanno diritto a operare in un ambiente di lavoro sicuro e salubre. I loro diritti in termini di sicurezza sul lavoro includono:

**Diritto all'Informazione**: Hanno diritto a essere informati sui rischi presenti nell'ambiente di lavoro e sulle misure di prevenzione e protezione adottate.

**Diritto alla Formazione**: Hanno diritto a ricevere una formazione adeguata in materia di sicurezza sul lavoro, per poter svolgere le proprie mansioni in sicurezza.

**Diritto alla Sorveglianza Sanitaria**: Hanno diritto a controlli medici periodici, se svolgono mansioni che comportano un rischio specifico per la salute.

**Diritto di Consultazione e Partecipazione**: I lavoratori hanno diritto a essere consultati in merito alle decisioni che riguardano la sicurezza e la salute sul lavoro.

## Il ruolo del Medico Competente e del Servizio di Prevenzione e Protezione.

Nel panorama della sicurezza sul lavoro, alcune figure professionali svolgono un ruolo cruciale. Tra queste, spiccano il Medico Competente e il Servizio di Prevenzione e Protezione (SPP). Qui illustriamo in dettaglio i loro ruoli e responsabilità nel contesto della sicurezza e salute sul lavoro, come delineato dal D.Lgs. 81/2008.

## Il Ruolo del Medico Competente

Il Medico Competente, nominato dal datore di lavoro, è un medico specializzato che ha il compito di sorvegliare la salute dei lavoratori in relazione ai rischi lavorativi. Le sue principali responsabilità includono:

**Sorveglianza Sanitaria**: Il Medico Competente effettua le visite mediche e gli esami medici periodici e straordinari per valutare l'idoneità del lavoratore alla mansione prevista posto di lavoro, e per rilevare eventuali patologie generate da e correlate all'attività lavorativa.

**Collaborazione alla Valutazione dei Rischi**: Il Medico Competente collabora con il datore di lavoro alla valutazione dei rischi, fornendo consulenza medica riguardo ai possibili effetti sulla salute dei lavoratori.

**Partecipazione a Riunioni Periodiche**: Il Medico Competente partecipa alle riunioni periodiche sulla sicurezza sul lavoro, discutendo le problematiche evidenziate e proponendo soluzioni.

## Il Ruolo del Servizio di Prevenzione e Protezione (SPP)

Il Servizio di Prevenzione e Protezione è un'entità aziendale, interna o esterna, che supporta il datore di lavoro nella gestione della sicurezza sul lavoro. Le principali responsabilità dell'SPP includono:

**Collaborazione alla Valutazione dei Rischi**: Il SPP collabora con il datore di lavoro alla valutazione dei rischi, fornendo consulenza tecnica per individuare i rischi e definire le misure di prevenzione e protezione.

**Elaborazione del Documento di Valutazione dei Rischi (DVR)**: Il SPP contribuisce all'elaborazione del DVR, un documento che riporta l'analisi dei rischi presenti nell'ambiente di lavoro e le misure adottate per prevenirli o ridurli.

**Formazione dei Lavoratori**: Il SPP svolge un ruolo chiave nella formazione dei lavoratori in materia di sicurezza sul lavoro, trasmettendo le conoscenze e le competenze necessarie per gestire i rischi.

In conclusione, il Medico Competente e il Servizio di Prevenzione e Protezione sono figure fondamentali per garantire un ambiente di lavoro sicuro e salubre, contribuendo attivamente alla prevenzione degli infortuni e delle malattie professionali.

La figura del Rappresentante dei Lavoratori per la Sicurezza (RLS) è essenziale nell'ambito del modello organizzativo per la salute e sicurezza sul lavoro. Questa figura o ruolo, che parte dalla legge 300/70 modificata dalla 626/94 è riproposto dal D.Lgs. 81/2008. Rappresenta la voce dei lavoratori all'interno dell'azienda, fornendo un punto di contatto importante tra il personale e la gestione aziendale sulle questioni legate alla sicurezza e alla salute. Approfondiremo più in dettaglio le responsabilità e le competenze del RLS.

Il Rappresentante dei Lavoratori per la Sicurezza è eletto o designato dai lavoratori e ha il compito di rappresentarli nelle questioni legate alla sicurezza e alla salute sul lavoro. Le sue principali responsabilità includono:

**Rappresentanza**: La RLS rappresenta i lavoratori nei confronti del Datore di lavoro e del Servizio di Prevenzione e Protezione per tutte le questioni riguardanti la salute e la sicurezza sul lavoro.

**Promozione della Prevenzione**: La RLS promuove l'adozione di misure preventive e protettive per migliorare la sicurezza e la salute sul posto di lavoro.

**Accesso alle Informazioni**: La RLS ha diritto a ricevere tutte le informazioni e la documentazione relative alla sicurezza e alla salute sul lavoro. Questo comprende il Documento di Valutazione dei Rischi, le informazioni sui prodotti e le sostanze pericolose utilizzate in azienda, e i dati sugli infortuni sul lavoro.

**Partecipazione a Riunioni e Ispezioni**: La RLS ha diritto a partecipare alle riunioni periodiche sulla sicurezza sul lavoro, nonché alle ispezioni sul luogo di lavoro da parte degli enti di vigilanza.

**Formazione**: La RLS ha diritto a una formazione specifica in materia di sicurezza e salute sul lavoro, finanziata dal datore di lavoro, per poter svolgere al meglio il proprio ruolo.

La RLS svolge quindi un ruolo cruciale nella gestione della sicurezza e della salute sul posto di lavoro. La sua azione, infatti, contribuisce a migliorare le condizioni di lavoro, promuovendo una cultura della sicurezza e favorendo la partecipazione attiva dei lavoratori nella prevenzione dei rischi.

# COME E' REALMENTE ORGANIZZATA LA SICUREZZA SUL LAVORO?

Per spiegare come è davvero organizzata la sicurezza sul lavoro, ci faremo aiutare da alcune illustrazioni che abbiamo predisposto. In esse sarà facilmente comprensibile che l'aspetto innovativo introdotto prima dalla 626 del 94 e poi dalla 81 del 2008 sta nell'aspetto organizzativo, che è la grande innovazione introdotta dalla direttiva CEE 391/89.

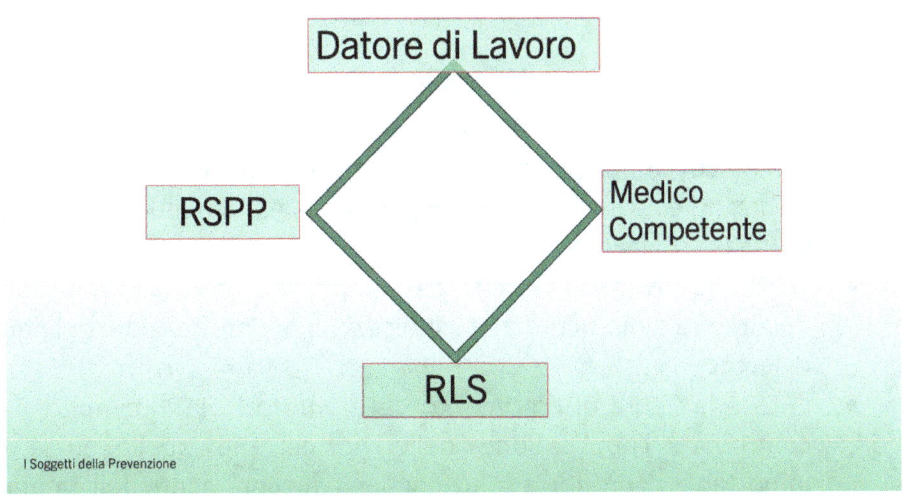


L'immagine che abbiamo rappresentato sopra identifica i quattro attori, cioè i quattro Soggetti della Prevenzione che intervengono nella gestione della sicurezza sul lavoro. Sembra paradossale, ma tutto l'ambito della sicurezza sul lavoro ruota all'interno delle relazioni tra gli attori, delle loro competenze e le loro attribuzioni. Conoscendo a fondo questa relazione tutto si chiarisce e tutto appare come armonicamente costruito.

Il primo soggetto, l'attore principale, certamente il più importante, è il Datore di Lavoro, cioè quello che la norma individua come titolare dei poteri di spesa nonché titolare del rapporto di lavoro. Come diremo meglio più avanti il Datore di Lavoro ha grandi responsabilità riferite ai grandi compiti.

Il datore di lavoro è in un certo senso il regista del gruppo, essendo il destinatario individuato dalla norma dell'obbligo di tutelare la sicurezza e la salute dei lavoratori. Egli deve guidare il team chiamato alla realizzazione del documento di valutazione del rischio.

Il team in questione e composto dal datore di lavoro, dal SPP, dal medico competente e dal rappresentante dei lavoratori, che, come avremo modo di dire, non è essenzialmente una figura sindacale ma piuttosto una figura collaborativa verso gli aspetti organizzativi della sicurezza.

Nell'immagine che vedete sopra sono rappresentati i quattro cardini, i quattro soggetti che compongono il team non solo di valutazione del rischio ma anche di gestione e di relazione di tutti i rapporti della sicurezza.

Questo gruppo deve essere adeguatamente preparato con una formazione specifica, deve essere un team che lavora in maniera solidale con l'obiettivo ultimo di garantire la tutela della sicurezza e della salute di tutti i lavoratori.

Riassumendo per sommi capi possiamo dire che:

- il datore di lavoro è il promotore della sicurezza sul lavoro in azienda
- il medico competente è il gestore dei controlli della salute dei lavoratori e ha il compito di suggerire i miglioramenti per rendere la sicurezza sul lavoro ancora più efficace
- l'RSPP ha invece il compito del supporto tecnico alla redazione i documenti della sicurezza su indicazioni ed informazioni del datore di lavoro
- l'RLS è la figura di riferimento dei lavoratori. Ha il compito sia di controllare l'applicazione delle norme che quello forse più importante di proporre soluzioni per il miglioramento dell'ambiente lavorativo.


Queste quattro figure insieme debbono lavorare in armonia, concertando gli interventi e riunendosi periodicamente ai sensi dell'articolo 35 del decreto legislativo 81 2008 collaborando per migliorare il funzionamento del sistema generale della sicurezza.

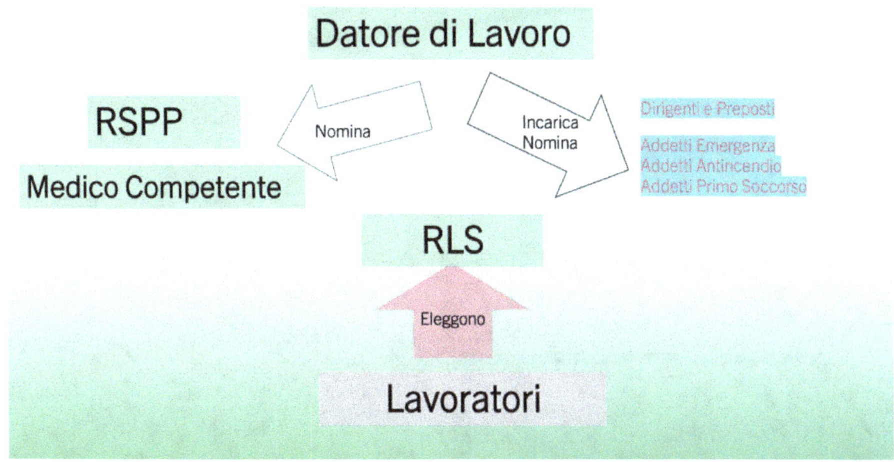



La figura indica quali sono i criteri di legittimazione e di attivazione del sistema di sicurezza sul lavoro. In sintesi, il datore di lavoro (soggetto dell'obbligo) nomina l'RSPP e il Medico Competente, provvede inoltre a nominare i dirigenti e i preposti oltre che gli addetti all'emergenza all'antincendio e al primo soccorso. Come vediamo le figure sopra citate essendo di nomina, hanno un *imprimatur* che deriva dall'soggetto che nominante. Di ogni attività il nominante garantisce sulla nominata fatta eccezione per le attività del medico competente che sono derivate da una sua propria capacità professionale.

Analogo discorso, solo apparentemente in contrapposizione, potremmo dire per il rappresentante dei lavoratori che è eletto dai lavoratori a cui risponde in maniera diretta. Il Legislatore ha voluto individuare nel rappresentante dei lavoratori il soggetto, che ricevendo una formazione specifica e dedicata, diventi capace di controllare il funzionamento della sicurezza e l'applicazione delle norme, proponendo soluzioni e suggerimenti al team di cui fa parte.

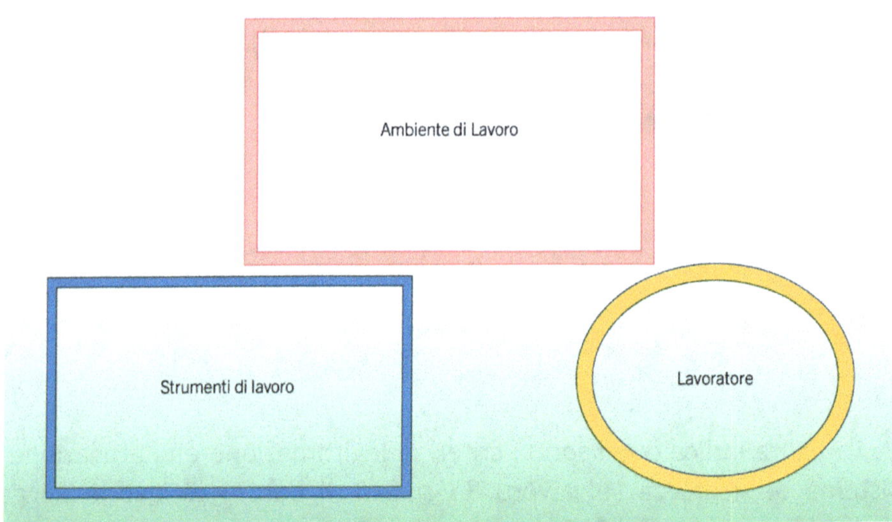


Proviamo adesso a chiarire aspetti che raramente vengono toccati sia nella formazione specifica che in manuali divulgativi.

La sicurezza sul lavoro, in estrema sintesi, è chiamata tutelare il lavoratore durante l'attività lavorativa.

Partendo da tale assunto ci troviamo in presenza di tre variabili, o meglio, tre aspetti che quando entrano in contatto/relazione possono diventare generatori di infortuni e malattie professionali. Le tre variabili che consideriamo per spiegare questo concetto sono:

un luogo di lavoro: luogo dove viene produzione di un prodotto o servizio, che potrebbe essere uno stabilimento, un'officina, un cantiere edile o persino un ufficio.

strumenti di lavoro: per strumenti di lavoro intendiamo macchinari, attrezzature, impianti e quant'altro, funzionali alla produzione di un prodotto o un servizio.

variabile umana cioè il lavoratore: elemento capace in concomitanza di attrezzature in un luogo di lavoro di produrre un prodotto o un servizio.

Il luogo di lavoro di per sé è del tutto privo di rischi, se però ad un luogo di lavoro aggiungiamo dei macchinari o delle attrezzature degli impianti, i rischi potrebbero derivare dalla sommatoria di questi strumenti di lavoro. In ultimo aggiungendo anche il lavoratore o molti lavoratori nello stesso luogo di lavoro nel quale sono presenti macchine attrezzature impianti ecco che si concretizza la potenzialità dell'infortunio.

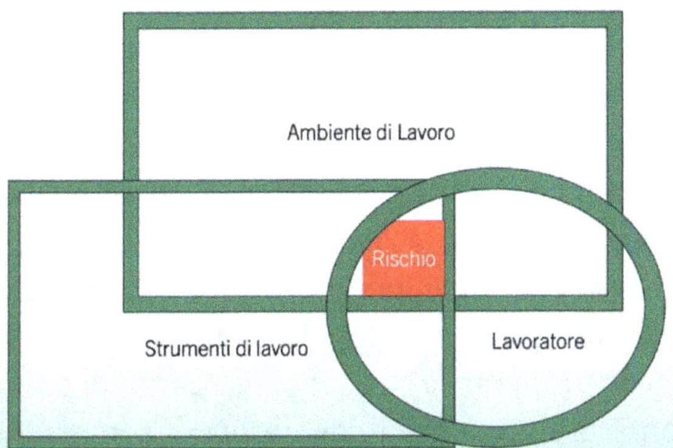



Il rischio Si valuta sommando i rischi dell'ambiente a quelli delle attrezzature / macchinari e quelli del Lavoratore o Lavoratori. Il risultato è sempre un rischio valutabile in fasce più o meno articolate in base alla complessità del lavoro o della situazione specifica.

Proprio a tal fine la somma di queste tre variabili come vediamo nell'immagine sopra, genera un punto di contatto che abbiamo raffigurato di colore rosso il quale rappresenta le aree nelle quali la presenza di un luogo di lavoro nel quale ci sono impianti e attrezzature macchinari e lavoratori dimostra la propria coesistenza e quindi la necessità di valutare il rischio ad essi correlato. La valutazione del rischio derivante riguarderà la valorizzazione delle interazioni potenziali che avvengono in un luogo di lavoro con delle macchine e con dei lavoratori. Quanto abbiamo appena detto potrebbe sembrare banale e di facile immaginazione; tuttavia, ogni volta che ci troviamo di fronte ad ogni infortunio anche lieve, o anche solo ad un mancato infortunio, la concorrenza simultanea di fattori incidenti fa sì che si verifichi il rischio e quindi il danno.

# I rischi sul luogo di lavoro

La sicurezza sul lavoro è un argomento di fondamentale importanza come abbiamo avuto modo di comprendere nel corso di quanto già detto. Tuttavia, appare assai complessa la concretizzazione di un criterio univoco e chiarificatore sulle modalità di applicazione e l'individuazione con la conseguente valutazione dei rischi, ossia della gestione dei rischi sul luogo di lavoro. Questa sezione esplorerà per macroaree i vari tipi di rischi che possono essere presenti nel posto di lavoro e il loro potenziale impatto sulla salute e la sicurezza dei lavoratori. Facciamo presente, senza che sia necessario specificarlo che, ogni luogo di lavoro essendo unico ha una sua valutazione del rischio, perché i luoghi di lavoro sono sempre diversi, i macchinari e le lavorazioni mai uguali anche a parità di comparto o settore e soprattutto, come già spiegato, il lavoratore è sempre diverso da altro lavoratore così come abbiamo già avuto modo di dire.

## Tipi di Rischi sul Luogo di Lavoro

I rischi sul luogo di lavoro sono i potenziali pericoli o condizioni pericolose che possono causare danni fisici o psicologici ai lavoratori. I rischi possono essere classificati in varie categorie, tra cui le principali posso essere:

**Rischi di natura Fisica**: Questi includono esposizione a rumore, vibrazioni, temperature estreme, radiazioni e luce intensa.

**Rischi legati al rapporto con Macchine, Attrezzature, Impianti**: Questi possono includere taglio, abrasione, impigliamenti, cesoiamenti, tranciamenti, schiacciamenti, compressioni, proiezioni inciampi, proiezione schegge o lapilli ecc... Più in generale potremmo dire che tali rischi sono relativi alle interazioni Uomo-Ambiente -Macchina.

**Rischi di natura Chimica**: L'esposizione a sostanze chimiche pericolose, che possono essere inalate, ingerite o assorbite attraverso la pelle o occhi, rientrano in questa categoria. In questa categoria, ad esempio, possono essere ricompresi anche fumi e vapori. Ad esempio, lavorare con solventi chimici senza adeguata protezione può portare a vari problemi di salute. Più in generale potremmo dire che tali rischi sono relativi alle interazioni Uomo-Ambiente-Sostanze-Macchina.

**Rischi di natura Biologica**: Questi includono l'esposizione a virus, batteri, funghi, parassiti e altre forme di organismi biologici. Ad esempio, i lavoratori sanitari sono particolarmente a rischio di esposizione a rischi biologici, ma più in generale chiunque abbia manipolazione o contatto anche potenziale con sostanza biologica rientra in tale categoria come, ad esempio, gli addetti al reparto macelleria o pescheria o analoghi in un supermercato. Più in generale potremmo dire che tali rischi sono relativi alle interazioni Uomo-Ambiente-Sostanze-Macchina.

**Rischi relativi ad aspetti di Ergonomia**: Questi riguardano il design e l'organizzazione del posto di lavoro e possono includere problemi come cattiva postura, sollevamento pesante, o movimenti ripetitivi. Ad esempio, un impiegato d'ufficio che passa molte ore al giorno seduto a una scrivania può essere a rischio di problemi muscolo-scheletrici. In definitiva il rischio ergonomico deriva da una cattiva relazione con le attrezzature utilizzate come l'ambito posturale. Più in generale potremmo dire che tali rischi sono relativi alle interazioni Uomo-Ambiente -Macchina.

**Rischi Psicosociali**: Questi includono stress lavoro-correlato, violenza, molestie e mobbing. Questi rischi possono avere gravi ripercussioni sulla salute mentale dei lavoratori. Più in generale potremmo dire che tali rischi sono relativi alle interazioni Uomo-Ambiente-Uomo.

La Gestione dei Rischi sul Luogo di Lavoro

Identificare e gestire adeguatamente i rischi sul luogo di lavoro è fondamentale per prevenire infortuni e malattie professionali. Ciò include la realizzazione di una valutazione dei rischi, l'implementazione di misure preventive e protettive, la formazione dei lavoratori, la sorveglianza sanitaria e la consultazione e la partecipazione dei lavoratori.

Pertanto, comprendere e gestire efficacemente questi rischi è una componente essenziale per dirigere il proprio impegno.

Prima di spingerci ulteriormente oltre è opportuno fare chiarezza su alcuni termini che incontreremo nel nostro cammino verso la perfetta Sicurezza sul Lavoro:

**Rischio**: Probabilità o possibilità che si verifichi un evento dannoso o un effetto avverso.

**Pericolo**: Condizione o pratica con un potenziale per causare danni in termini di lesioni umane o deterioramento della salute.

**Incidente sul lavoro**: Evento inatteso e indesiderato o esposizione che causa un infortunio o malattia sul lavoro.

**Infortunio sul lavoro**: Lesione o malattia causata da un evento o esposizione sul luogo di lavoro.

**Sicurezza sul Lavoro**: Disciplina che ambisce a garantire un ambiente di lavoro sicuro per i lavoratori, prevenendo incidenti o lesioni e malattie professionali.

**Salute sul lavoro**: Relativa allo stato di benessere fisico e mentale dei lavoratori in relazione al loro ambiente di lavoro e alle loro attività lavorative.

**Valutazione dei Rischi**: Processo di identificazione dei pericoli sul posto di lavoro, quantificazione della loro gravità e dell'eventuale probabilità di verificarsi, e determinazione delle misure di mitigazione e controllo appropriate.

**Prevenzione**: Misure prese per prevenire gli eventi dannosi ed evitare o ridurre la probabilità di incidenti sul lavoro e malattie professionali.

**Protezione**: Misure di protezione e controllo implementate per ridurre al minimo l'esposizione ai pericoli una volta che questi sono stati identificati.

**Dispositivi di Protezione Individuale (DPI)**: Attrezzature utilizzate dai lavoratori per proteggersi da potenziali pericoli sul posto di lavoro, come maschere, guanti, occhiali di sicurezza, etc.

**Medico Competente**: Professionista della salute che è responsabile per la sorveglianza sanitaria dei lavoratori e per la valutazione dei rischi per la salute sul luogo di lavoro.

**Servizio di Prevenzione e Protezione (SPP)**: Entità o persone incaricate di svolgere attività di prevenzione e protezione dei rischi per la sicurezza e la salute sul luogo di lavoro.

**Rappresentante dei Lavoratori per la Sicurezza (RLS)**: Persona eletta o nominata dai lavoratori per rappresentarli in materia di salute e sicurezza sul lavoro.

**Datore di Lavoro**: Persona o entità che impiega lavoratori e ha la responsabilità legale di garantire la sicurezza e la salute sul luogo di lavoro in possesso dei poteri illimitati di spesa.

**Malattia Professionale**: Malattia causata da esposizione a pericoli sul luogo di lavoro.

## Esempi di incidenti sul lavoro e le loro cause

Gli incidenti sul lavoro sono eventi infausti che possono portare a lesioni, malattie e, nei casi più gravi, alla morte. Comprendere le cause comuni di tali incidenti può aiutare a prevenirli. Questa sezione esplorerà solo alcuni esempi di incidenti sul lavoro e le loro cause tipiche. Teniamo presente che la casistica è davvero enorme e le cause di infortunio, di incidente o di malattia professionale possono essere riferite a una qualsiasi delle variabili che abbiamo indicato sopra, oppure a molte di essere contemporaneamente.

### Cadute da postazione poste in luoghi elevati – cadute dall'alto

Un incidente sul lavoro comune si verifica quando un lavoratore cade da un luogo elevato, come una scala, un tetto o una piattaforma elevata. Questi incidenti possono causare lesioni gravi, come fratture, lesioni alla testa e lesioni alla colonna vertebrale, spesso sono mortali. Le cause comuni di cadute includono l'uso improprio o il mancato utilizzo di attrezzature di protezione personale, superfici di lavoro instabili o scivolose, e mancanza di formazione o consapevolezza dei rischi.

### Infortuni da interazione con macchinari

Gli infortuni da macchinari possono variare da lievi a gravi e possono includere tra gli altri, tagli , abrasioni, contusioni, cesoiamenti, lacerazioni, impigliamenti, amputazioni, schiacciamento con conseguenze localizzate, generalizzate, temporanee, permanenti e talvolta persino la morte. Questi incidenti possono essere causati da una serie di fattori, tra cui manutenzione inadeguata, uso improprio o inesperienza, oppure di contro eccesso di confidenza e superficialità, oltre che le classiche mancanza di protezioni a bordo macchina o non utilizzo di dispositivi di sicurezza individuali.

### Esposizione a sostanze chimiche pericolose

L'esposizione a sostanze chimiche pericolose può causare una serie di problemi di salute, tra cui irritazione della pelle e degli occhi, problemi respiratori, avvelenamento e, in alcuni casi, possono provocare danni verificabili sono dopo un lungo periodo. Questi infortuni o malattie professionali possono essere causati da mancanza di formazione, mancato uso di attrezzature di protezione personale, o mancata conservazione e maneggiamento inappropriato dei prodotti chimici impiegati.

### Sovraccarico di lavoro e stress lavoro-correlato

Non tutti gli incidenti sul lavoro sono fisici. Il sovraccarico di lavoro e lo stress da lavoro-correlato possono portare a problemi di salute mentale come ansia, depressione e burnout. Questi possono essere causati da una varietà di fattori, tra cui eccessiva pressione sul lavoro, mancanza di controllo sul proprio lavoro, e mancanza di sostegno da parte dei colleghi o dei superiori, senso di inadeguatezza eccessiva responsabilizzazione e molti altri.

## La Valutazione dei Rischi: cosa è e come si svolge

La Valutazione dei Rischi è la componente essenziale della gestione della sicurezza e salute sul lavoro. Da essa derivano tutte le attività, tutte le procedure, tutti i protocolli, tutta l'azione formativa e tutta l'azione preventiva che porta al concretizzarsi della gestione corretta della sicurezza sul lavoro.

Si tratta infatti di un processo che aiuta a identificare e gestire i potenziali pericoli sul luogo di lavoro per prevenire incidenti e malattie professionali. In questa sezione, esploreremo cosa è la Valutazione dei Rischi e come si svolge.

### Che cos'è la Valutazione dei Rischi o del Rischio?

La Valutazione dei Rischi è un processo sistematico per identificare i potenziali pericoli presenti in un luogo di lavoro, valutare il livello di rischio associato a ciascun pericolo e implementare misure appropriate per controllare e ridurre tali rischi. Questo processo è fondamentale per garantire la sicurezza dei lavoratori e conformarsi alle normative sulla sicurezza sul lavoro.

### Come si svolge la Valutazione dei Rischi?

La Valutazione dei Rischi canonicamente si svolge in cinque fasi:

**Identificazione dei Pericoli**: l'identificazione dei pericoli è davvero il primo passo per arrivare a una corretta valutazione dei rischi. Necessita come requisito fondamentale la conoscenza approfondita del luogo di lavoro, delle attrezzature, dei macchinari e impianti, delle sostanze e dei prodotti impiegati e delle caratteristiche culturali[2] dei lavoratori. Solo a questo punto avremo in mano gli elementi corretti per poter identificare i pericoli passando al punto successivo e poterli valutare. Il primo passo è identificare tutti i potenziali pericoli presenti nel luogo di lavoro, meglio se coadiuvati dalla rappresentante dei lavoratori, il quale conoscendo il luogo

---

[2] Per caratteristica culturale del lavoratore si intende la sua propensione al rispetto delle regole e la sua sensibilizzazione alla conoscenza e alla disponibilità di applicazione delle normative sulla sicurezza del lavoro.

di lavoro, i propri colleghi, e la storia infortunistica dell'azienda potrà essere un prezioso alleato. Il decreto 81 nella fattispecie chiede al Datore di lavoro e al Responsabile della Sicurezza di valutare tutti i pericoli presenti in azienda sia quelli visibili e valutabili facilmente sia quelli oscuri, nascosti, visibili soltanto a chi ha un occhio esperto e chi conosce bene quello specifico luogo di lavoro. Non dimentichiamo mai pericoli fisici, chimici, biologici, ergonomici e psicosociali, comportamentali e culturali.

**Valutazione dei Rischi**: Una volta identificati i pericoli, il passo successivo è valutare il livello di rischio associato a ciascun pericolo. Questo processo implica considerare la probabilità che un pericolo possa causare danni e la gravità potenziale di tali danni. In questo ambito ci viene in aiuto la scienza statistica. Perché è evidente che non possiamo considerare il pericolo come fattore a sé, se non unito ad una frequenza e ad una probabilità di esposizione all'evento. Tanto più il lavoratore si espone a un pericolo e tanto più potrà verificarsi l'infortunio. Quindi un aspetto fondamentale è proprio la quantità di esposizione quindi la frequenza a cui il lavoratore o la mansione che stiamo considerando è esposta.

**Individuazione delle attività correlate**: Il passo successivo è determinare le attività correlate necessarie ed appropriate per ciascun rischio. L'obiettivo reale che dovremmo porci è mitigare il pericolo in quanto l'eliminazione del pericolo stesso implicherebbe il più delle volte l'eliminazione della attività considerata. L'eliminazione del pericolo, la riduzione del rischio attraverso cambiamenti di procedure e di processi di lavoro o nell'ambiente di lavoro, l'uso di attrezzature di protezione personale, e la formazione dei lavoratori sottoponendo i lavoratori alla sorveglianza sanitaria periodica.

**Gestione dei Controlli**: Le misure di controllo e manutentive selezionate devono poi essere applicate nel luogo di lavoro. Questo può richiedere cambiamenti nell'organizzazione del lavoro, acquisto di nuove attrezzature o sostanze o impianti, ovvero una formazione ed un addestramento dei lavoratori.

**Monitoraggio e Revisione**: Infine, è importante monitorare l'efficacia nel tempo delle misure preventive e protettive e rivedere la Valutazione dei Rischi su base regolare o quando si verificano cambiamenti significativi nel luogo di lavoro.

La Valutazione dei Rischi se ben fatta è realmente l'elemento fondamentale della gestione della sicurezza sul lavoro. Questo processo non solo aiuta a prevenire incidenti e malattie professionali, ma contribuisce anche a creare un ambiente di lavoro più sicuro e salutare per tutti.

## Misure preventive e di protettive

Come più volte detto le misure preventive e di protezione rappresentano un pilastro fondamentale per garantire la sicurezza e la salute dei lavoratori. Queste misure si basano su una valutazione accurata dei rischi presenti nel luogo di lavoro e mirano a eliminare o ridurre l'esposizione a tali rischi. In questo capitolo, esamineremo alcune delle misure preventive e di protezione più comuni utilizzate nella sicurezza sul lavoro. Senza dubbio il legislatore valuta, giustamente preferibili, le misure preventive rispetto alle protettive, le prime strumento di programmazione del luogo di lavoro, le seconde strumento di mitigazione del danno.

## Misure preventive

Le misure preventive così come suggerisce anche il termine sono tutte quelle misure quegli strumenti che cercano di prevenire il verificarsi di eventi infortunistici o la generazione di malattie professionali sul luogo di lavoro. Queste misure tra le altre possono includere:

**Progettazione sicura**: Il design sicuro del luogo di lavoro e delle attrezzature può facilmente prevenire una serie di incidenti sul lavoro. Questo può includere l'uso di attrezzature non pericolose, l'organizzazione ergonomica del posto di lavoro, e la progettazione di un ambiente di lavoro sicuro, vie di fuga appropriate, sistemi di accesso ed esodo idonei e facilmente utilizzabili.

**Formazione dei lavoratori**: Un elemento chiave per la prevenzione dei rischi sul lavoro, forse davvero il più importante, è fornire ai lavoratori una formazione, informazione ed addestramento adeguato sui pericoli esistenti e su come evitarli e come gestirli. Questo può includere formazione su pratiche di lavoro sicure, uso di attrezzature di protezione personale individuali e collettive, oltre che procedure di emergenza ed aspetti organizzativi di gestione del rischio.

**Manutenzione regolare**: Mantenere attrezzature e macchinari in piena efficienza per le condizioni di lavoro previene una serie di incidenti legati a questi dispositivi. Questo implica soprattutto la regolare e periodica ispezione tesa al controllo per manutenzione di attrezzature e macchinari.

Misure di protezione

Le misure di protezione sono quelle che cercano di ridurre l'effetto dei rischi una volta che questi sono stati identificati. Queste misure possono includere:

**Dispositivi di Protezione Individuale (DPI):** Gli DPI, come guanti, occhiali di sicurezza, caschi e maschere, possono fornire una barriera fisica efficace tra il lavoratore e il pericolo.

**Procedure di sicurezza**: Le procedure di sicurezza standardizzate possono aiutare a ridurre l'esposizione ai rischi. Queste procedure possono includere procedure operative standard, procedure di blocco/sblocco, e procedure di emergenza.

**Segnaletica di sicurezza**: La segnaletica di sicurezza può aiutare ad avvisare i lavoratori dei potenziali pericoli. Questo può includere ad esempio segnali di pericolo, segnali di proibizione, segnali di obbligo, e segnali di emergenza.

Strumenti e strategie per la prevenzione.

La prevenzione è la chiave per ridurre il numero e la gravità degli infortuni sul lavoro e delle malattie professionali. Ci sono molti strumenti e strategie che possono essere utilizzati per prevenire efficacemente i rischi sul lavoro. In questo capitolo, esploreremo alcuni di questi strumenti e strategie.

La formazione e l'educazione dei lavoratori sono strumenti essenziali per la prevenzione. Attraverso la formazione, i lavoratori possono acquisire la conoscenza e le competenze necessarie per lavorare in modo sicuro e per identificare e gestire i rischi sul luogo di lavoro. La formazione deve coprire la più vasta gamma di argomenti inerenti al luogo di lavoro specifico, tra cui le procedure di sicurezza, l'uso sicuro delle attrezzature, le procedure di emergenza, e l'uso dei dispositivi di protezione individuale (DPI).

## Sistemi di Gestione della Sicurezza sul Lavoro

Un Sistema di Gestione della Sicurezza sul Lavoro (SGSL) è un approccio strutturato per gestire la sicurezza e la salute sul luogo di lavoro. Un SGSL può aiutare un'organizzazione a identificare e controllare i rischi, a ridurre il potenziale di incidenti, a conformarsi alle leggi e ai regolamenti e a migliorare le performance generali. Le componenti chiave di un SGSL possono includere la pianificazione della sicurezza, l'implementazione e il funzionamento, la verifica e l'azione correttiva, e la revisione della gestione.

## Gestione dei Pericoli e dei Rischi sul Posto di Lavoro

La gestione dei rischi sul luogo di lavoro è una strategia fondamentale per la prevenzione. Questo implica l'identificazione dei pericoli, la valutazione dei rischi, l'implementazione di misure di controllo e gestione, il monitoraggio dell'efficacia delle misure di gestione. Le misure di gestione possono includere l'eliminazione del pericolo, la riduzione del rischio attraverso modifiche ai processi di lavoro o all'ambiente di lavoro, l'uso di DPI, e la formazione dei lavoratori e molto altro.

## Promozione della Salute sul Lavoro

La promozione della salute sul lavoro riguardano le azioni volte a migliorare il benessere fisico e mentale dei lavoratori. Questo può includere l'incoraggiamento di uno stile di vita sano, il sostegno alla gestione dello stress sul lavoro, e la creazione di un ambiente di lavoro positivo e di sostegno. In buona sostanza possiamo dire che la promozione della salute sul lavoro è un fattore culturale analogamente a quello che è la cura del territorio, la cura del patrimonio urbano e artistico di una città, l'educazione civica in un contesto sociale, sono tutti i fattori culturali che debbono essere insegnati sin da bambini in modo che l'adulto cresca consapevole di quelli che sono i limiti e i benefici di una cultura dedicata alla salute sul lavoro.

In conclusione, ci sono molti strumenti e strategie disponibili per la prevenzione dei rischi sul luogo di lavoro. Non tutti questi strumenti sono utilizzabili in ogni azienda, perché le realtà sono le più diverse e perché il contesto culturale è molto vario. Utilizzando una combinazione di formazione e educazione, di sistemi di gestione della sicurezza sul lavoro, di controllo dei rischi sul posto di lavoro, e promozione della salute sul lavoro, è possibile creare un ambiente di lavoro che è non solo sicuro, ma conseguentemente sano e produttivo.

Proprio riprendendo l'argomento con il quale abbiamo chiuso l'ultimo paragrafo ricordiamo che la formazione obbligatoria in materia di sicurezza è intesa come formazione minima. Questo non toglie il fatto che di è lasciata al Datore di lavoro, o comunque a persona o ente da lui delegati, la valutazione della quantità e della specificità della formazione o dei criteri stessi.

Per formazione si intendono tutte quelle attività tese a educare, informare, formare, addestrare, mettere in condizioni il lavoratore di poter operare nelle condizioni di massima sicurezza e di massima consapevolezza del rischio.

Pertanto, la formazione obbligatoria in materia di sicurezza si può dividere tra **formazione generale** e **formazione specifica**. La formazione generale è quella tesa a educare e a far conoscere i rischi specifici sul luogo di lavoro, mentre la formazione specifica e tesa più ad addestrare i lavoratori sulle peculiarità del rischio specifico considerato all'interno di quel luogo di lavoro, o di quelle attrezzature, o di quelle procedure, o addirittura di tutte le interferenze anche potenziali con altri lavoratori e/o altre imprese.

Come detto, la formazione dei lavoratori in materia di sicurezza sul lavoro è un requisito fondamentale della normativa sulla sicurezza sul lavoro. Non solo permette ai lavoratori di capire come svolgere il loro lavoro in modo sicuro, ma li aiuta anche a capire come gestire le situazioni di emergenza oltre che quali sono i loro diritti/doveri in materia di sicurezza sul lavoro.

## Obiettivi della Formazione sulla Sicurezza

L'obiettivo principale della formazione sulla sicurezza è quello di rendere edotti i lavoratori affinché possano svolgere le loro attività in modo sicuro. Questo può includere l'apprendimento su:

**I rischi associati al loro lavoro specifico**: qui ci si riferisce a rischi specifici della mansione e del lavoro che il lavoratore deve svolgere. Questo potrebbe includere l'esposizione a sostanze chimiche, biologiche, fisiche come il rischio di cadute, l'uso sicuro delle attrezzature, rischio di interferenze o psicosociali e così via.

**Le misure di gestione dei rischi**: Questo può includere l'uso di dispositivi di protezione individuale (DPI), le procedure di sicurezza e le procedure operative standard.

**Le procedure di emergenza**: Questo può includere la formazione su come evacuare il luogo di lavoro in modo sicuro, come usare l'attrezzatura antincendio e come gestire i primi soccorsi e le situazioni di emergenza.

## Requisiti della Formazione sulla Sicurezza

La legge richiede che la formazione sulla sicurezza sia adeguata e appropriata al lavoro che il lavoratore svolge. Questo significa che la formazione deve essere specifica per il ruolo o mansione del lavoratore e deve tenere conto dei rischi specifici associati a quel ruolo.

Inoltre, la formazione sulla sicurezza dovrebbe essere una **parte continua del lavoro** del lavoratore. Dovrebbe essere fornita prima che il lavoratore inizi il suo lavoro, ossia quando ci sono cambiamenti nelle attività lavorative o nelle procedure di sicurezza, o ancora quando si introducono nuovi rischi.

### *Il Ruolo del Datore di Lavoro*

Il datore di lavoro ha un ruolo fondamentale nella formazione sulla sicurezza. È responsabilità del datore di lavoro garantire che tutti i lavoratori ricevano una formazione adeguata sulla sicurezza e che questa formazione sia aggiornata. Questo può includere l'organizzazione della formazione, la sorveglianza della sua efficacia e l'aggiornamento della formazione quando necessario.

La formazione obbligatoria in materia di sicurezza è un elemento essenziale della sicurezza sul lavoro. Non solo aiuta a prevenire incidenti e malattie professionali, ma assicura anche che i lavoratori siano preparati a gestire le situazioni di emergenza quando si verificano.

Potremmo ulteriormente concludere affermando che la formazione della sicurezza rappresenta uno dei requisiti fondamentali delle competenze del lavoratore. Analogamente alla conoscenza della lingua inglese per un lavoratore che ha rapporti svolti in questa lingua, tale competenza diventa parte della professionalità del lavoratore, la conoscenza e la competenza sulla sicurezza sul lavoro è un altro aspetto della sua professionalità che il lavoratore deve possedere.

# Gli Equipaggiamenti di Protezione Individuale (DPI): cosa sono e quando utilizzarli

Gli Equipaggiamenti di Protezione Individuale (DPI) sono dispositivi progettati per proteggere i lavoratori da specifici rischi per la salute e la sicurezza presenti nel luogo di lavoro. Sono un elemento fondamentale della gestione della sicurezza sul lavoro e sono spesso richiesti per legge in molte aziende. In questa sezione, esploreremo cosa sono i DPI, i diversi tipi di DPI e quando devono essere utilizzati.

## Cosa sono i DPI

I DPI sono attrezzature o dispositivi che vengono indossati dai lavoratori per proteggerli da rischi specifici sul luogo di lavoro. Questi rischi possono includere esposizione a sostanze chimiche pericolose, oggetti in caduta, temperature estreme, rumore, radiazioni e molte altre condizioni pericolose.

## *Tipi di DPI*

Dobbiamo ricordare che i DPI sono dispositivi di protezione individuale e che devono essere sempre indossati al bisogno cioè ogni qual volta ci si espone ad un rischio. Non possiamo tuttavia dimenticare la propedeuticità dei dispositivi di protezione generale rispetto a quelli individuale. Pertanto, nella gerarchia della prevenzione prima debbono essere individuati dispositivi di protezione generale, e successivamente i dispositivi di protezione individuale, ossia i cosiddetti DPI.

Esistono molti tipi diversi di DPI, ognuno progettato per proteggere contro un tipo specifico di rischio. Alcuni dei tipi più comuni di DPI includono:

**Protezione per la testa**: I caschi da lavoro proteggono la testa da oggetti cadenti e da impatti con oggetti fissi.

**Protezione per gli occhi e il viso**: Gli occhiali di sicurezza e le visiere proteggono gli occhi e il viso da particelle volanti, schegge, schizzi, spruzzi chimici e radiazioni luminose intense.

**Protezione per le orecchie**: I tappi per le orecchie e le cuffie antirumore proteggono le orecchie dal rumore dannoso.

**Protezione per le mani e la pelle**: I guanti di sicurezza proteggono le mani da una vasta gamma di pericoli, tra cui tagli, abrasioni, ustioni, sostanze chimiche e radiazioni.

**Protezione per i polmoni**: Le maschere di protezione e i respiratori proteggono i polmoni da polveri, fumi, gas e vapori pericolosi.

**Protezione da stress termici**: Giubbotti contro il freddo estremo per lavori in celle frigorifere.

**Protezione da investimenti**: Abbigliamento ad alta visibilità per evitare investimenti accidentali.

## *Quando Utilizzare i DPI*

Banalmente possiamo affermare che i DPI devono essere utilizzati quando servono. Spesso nella nostra trentennale esperienza di Consulenza sulla sicurezza sul lavoro è capitato che alcuni lavoratori lamentassero il fastidio, ad esempio, a indossare scarpe antinfortunistiche, piuttosto che altri tipi di DPI; tuttavia, con la possibilità che senza di DPI possono accadere gli eventi per i quali i DPI stessi sono stati pensati è ovviamente molto alta. Non possiamo tacere sul fatto che se in una data mansione sono obbligatori determinati DPI, il fatto di non adoperarli rende inidonei alla mansione stessa.

Come affermavamo prima i DPI devono essere usati quando servono. Potremmo esemplificare parlando degli occhiali da sole che debbono essere indossati quando la luce solare reca fastidio i nostri occhi, e questo ci consente di tollerare il rischio di eccessivo irraggiamento solare verso i nostri occhi. Ragionamento analogo facciamo per ogni DPI, in caso di necessità, o potremmo dire in caso di esposizione ad un rischio specifico devono obbligatoriamente essere indossati.

I DPI dovrebbero essere utilizzati quando non è possibile controllare adeguatamente i rischi sul luogo di lavoro attraverso altre misure, come la progettazione del luogo di lavoro o modifiche ai processi di lavoro (cioè dispositivi di protezione generale). Prima di utilizzare i DPI, dovrebbe essere condotta una valutazione dei rischi per identificare i pericoli specifici presenti e determinare il tipo appropriato di DPI da utilizzare.

È importante notare che i DPI sono l'ultimo ricorso nella gerarchia per il controllo dei rischi e dovrebbero essere utilizzati insieme ad altre misure, non come sostituto di queste.

## Pianificazione delle Emergenze

La pianificazione delle emergenze è un elemento critico per la sicurezza sul lavoro. Essa comprende l'identificazione dei potenziali incidenti o catastrofi che potrebbero verificarsi in un ambiente di lavoro e la creazione di piani di risposta per gestirli efficacemente. In questo paragrafo, esamineremo l'importanza della pianificazione delle emergenze e delineeremo i passaggi chiave nel processo.

### L'Importanza della Pianificazione delle Emergenze

Emergenze sul luogo di lavoro si verificano senza preavviso e possono comprendere sia i piccoli incidenti, come un piccolo incendio o un infortunio sul lavoro, a grandi disastri, come un incendio di grandi dimensioni, un'esplosione o un disastro naturale. Senza una pianificazione adeguata, le conseguenze di queste emergenze possono essere gravi, portando a lesioni o morti, danni alla proprietà e interruzioni dell'attività.

### Identificazione dei Rischi

Il primo passo nella pianificazione delle emergenze è l'identificazione dei pericoli e la valutazione dei rischi. Questo implica l'esame dell'ambiente di lavoro per identificare i potenziali pericoli che potrebbero portare a un'emergenza. Questi potrebbero includere sostanze chimiche pericolose, attrezzature pericolose, rischi strutturali, rischi naturali e così via.

### *Creazione di Piani di Emergenza*

Una volta identificati i rischi, il passo successivo è la creazione di piani di emergenza specifici per ciascun rischio considerato. Questi piani dovrebbero dettagliare le azioni da intraprendere in risposta all'emergenza, inclusi i ruoli e le responsabilità, le procedure di evacuazione, le procedure di comunicazione, i processi di recupero e ogni possibile implicazione anche di carattere psicosociale a carico dei lavoratori.

**I piani di emergenza sono inutili se i lavoratori non sanno cosa fare durante un'emergenza.**

Spesso la formazione è un elemento critico della pianificazione delle emergenze in quanto carente o inadeguata. Tutti i lavoratori dovrebbero ricevere formazione sui piani di emergenza, compresi i ruoli e le responsabilità, le procedure di evacuazione e i primi soccorsi.

Inoltre, le esercitazioni di emergenza dovrebbero essere condotte regolarmente per testare i piani di emergenza e per dare ai lavoratori la possibilità di praticare le loro responsabilità in un ambiente controllato.

L'esito della prova di evacuazione è un aspetto fondamentale, spesso dopo la prova non viene fatto un briefing per valutare l'adeguatezza delle misure intraprese, l'efficienza nella gestione dei ruoli e delle competenze. Secondo la nostra esperienza tutte le attività di prova devono essere fatte e ripetute fintanto che gli automatismi nella gestione dell'emergenza stessa siano efficienti e funzionali.

## Revisione e Aggiornamento dei Piani di Emergenza

I piani di emergenza devono essere rivisti e aggiornati periodicamente per assicurare che siano sempre attuali e testati tramite le esercitazioni per verificarne l'efficacia. Questo può essere necessario a causa di cambiamenti nell'ambiente di lavoro, come l'introduzione di nuovi pericoli, o a causa di lezioni apprese da esercitazioni di emergenza o incidenti reali.

# Le Nuove Frontiere della Gestione dell'Emergenza: Disaster Recovery e Business Continuity

In un mondo sempre più digitalizzato e interconnesso, la gestione dell'emergenza sta assumendo nuove dimensioni ed insospettabili, fino a qualche tempo fa, implicazioni. Al di là dei rischi fisici tradizionali, le aziende devono ora affrontare una serie di minacce emergenti, tra cui interruzioni informatiche, cyber attacchi e falle di sicurezza dei dati. In risposta a queste sfide, concetti come la Disaster Recovery (DR) e la Business Continuity (BC) stanno diventando sempre più importanti. In questo paragrafo, esploreremo questi concetti e discuteremo il loro ruolo nella gestione moderna delle emergenze.

## Disaster Recovery

La Disaster recovery è un ambito che riguarda tutte le misure fisiche, organizzative, informatiche operative, adottate per ripristinare le operazioni normali quantomeno sull'attività *core* dopo un disastro o un'emergenza. Nel contesto della tecnologia dell'informazione, questo implica il ripristino di sistemi, applicazioni e dati critici dopo un'interruzione o un guasto. Questo può implicare il ripristino da backup, il failover a sistemi ridondanti, l'utilizzo di soluzioni cloud per la resilienza, tra gli altri.

Tuttavia, la parte informatica seppur fondamentale nei sistemi moderni non è l'unico aspetto che deve essere sottoposto alla garanzia del piano di Disaster Recovery, ma anche tutta l'attività produttiva dell'azienda (Business Continuity) deve poter essere replicata in altro luogo qualora il luogo principale sia stato danneggiato mantenendo sempre presente che la sicurezza sul luogo di lavoro è un aspetto fondamentale.

Un piano di Disaster recovery dovrebbe delineare i passaggi precisi che devono essere intrapresi in risposta a un disastro, includendo i seguenti elementi:

**Identificazione del Disastro**: Riconoscere l'evento che ha causato la perdita di capacità operativa e di dati o l'interruzione integrale del servizio.

**Valutazione del Danno**: Determinare l'entità del danno e quali risorse sono state colpite.

**Implementazione del Piano**: Attivare le misure di recupero come definito nel piano.

**Ripristino**: Ripristinare le operazioni normali il più rapidamente possibile.



Mentre la Disaster Recovery si concentra sul ripristino dopo un disastro, la Business Continuity riguarda il mantenimento delle operazioni durante un disastro. Questo implica la creazione di piani per garantire che le funzioni critiche dell'azienda possano continuare anche in presenza di un disastro.

Un piano di Business Continuity dovrebbe includere:

**Analisi dell'Impatto sul Business (BIA):** Questo aiuta a identificare e a prioritizzare le funzioni e i processi critici che devono essere ripristinati dopo un disastro.

**Piani di Recupero:** Questi sono piani dettagliati che descrivono come le funzioni critiche saranno ripristinate e mantenute durante un disastro.

**Formazione e Test**: Gli utenti devono essere formati sui piani di business Continuity e questi piani devono essere testati regolarmente per assicurare la loro efficacia.

Nel mondo moderno che vede fattori quali il cambiamento climatico e la mancata gestione delle manutenzioni su fiumi, mari, montagne, boschi ecc... rendono sempre più probabile l'impatto di un disastro fisico sulla corretta attività di un'azienda. La gestione delle emergenze quindi non si limita più a rispondere ai soli disastri fisici, ma deve considerare anche l'impatto che essi potrebbero avere sulla sua capacità operativa affinché un evento disastroso possa essere gestito come uno qualsiasi dei rischi presenti nell'attività produttiva. Concetti come la Disaster Recovery e la Business Continuity sono diventati essenziali per aiutare le aziende a navigare in un panorama di minacce sempre più complesso. La loro implementazione e gestione efficace sono cruciali per la resilienza e il successo a lungo termine di un'organizzazione. La Disaster Recovery e la Business Continuity devono essere gestite con un occhio ai parametri della prevenzione e protezione dei lavoratori quali fattore chiave per la ripresa.

La pianificazione delle emergenze è un processo fondamentale per garantire la sicurezza sul luogo di lavoro. Si tratta di sviluppare piani di azione pratica in caso di emergenze per minimizzare i rischi per i lavoratori e garantire la continuità delle operazioni. In questa sezione, affronteremo come pianificare le emergenze e quali elementi devono essere inclusi in un efficace piano di emergenza.

**Perché è importante la pianificazione delle emergenze?**

Le emergenze possono verificarsi in qualsiasi momento e arrivano senza alcun preavviso. Questi possono includere incidenti come incendi, esplosioni, incidenti chimici o biologici, disastri naturali come terremoti o inondazioni, o situazioni di minaccia alla sicurezza fisica come atti di violenza. Un piano di emergenza ben progettato può aiutare a prevenire le lesioni o danni anche mortali ai lavoratori, a minimizzare i danni alla proprietà e a ripristinare rapidamente le normali funzionalità aziendali.

## Cosa dovrebbe includere un piano di emergenza?

Un piano di emergenza dovrebbe comprendere tutte le potenziali cause di pericolo e dovrebbe stimarne il rischio per ognuna di esse. Dovrebbe in conclusione disporre tutte le procedure e i metodi per la gestione dei pericoli e rischi affrontandone le potenziali anomalie. Ecco alcuni elementi chiave che dovrebbero essere inclusi in un piano di emergenza:

**Identificazione delle Emergenze Possibili**: Il primo passo nella pianificazione delle emergenze è l'identificazione delle possibili situazioni atipiche che potrebbero verificarsi. Questo può richiedere un'analisi dei pericoli specifici del sito o quelli limitrofi e un'analisi delle possibili conseguenze di tali pericoli.

**Procedure di Risposta**: Il piano dovrebbe dettagliare le procedure specifiche di risposta per ciascuna emergenza possibile. Questo può includere procedure di evacuazione, procedure di lockdown, procedure di primo soccorso e coordinamento oltre che le procedure per l'uso di attrezzature di emergenza come estintori e kit di pronto soccorso.

**Assegnazione dei Ruoli**: Ogni piano di emergenza dovrebbe chiaramente assegnare i ruoli e le responsabilità per la risposta alle emergenze. Ciò può includere chi ha il compito di allertare i lavoratori e le autorità di soccorso previste, individuando chi è responsabile dell'evacuazione e chi è responsabile di fornire il primo soccorso ed ogni altra identificazione che dovesse rendersi necessaria.

**Formazione ed Esercitazioni**: Tutti i lavoratori dovrebbero essere adeguatamente formati sul piano di emergenza e dovrebbero essere condotte regolari esercitazioni periodiche per garantire che tutti comprendano i loro ruoli e responsabilità.

**Revisione e Aggiornamento del Piano**: Infine, il piano di emergenza dovrebbe essere regolarmente rivisto e aggiornato per tener conto delle nuove informazioni, cambiamenti nell'ambiente di lavoro che vanno a sanare eventuali *criticità individuate* da precedenti emergenze o esercitazioni.

## Redazione del Piano di Emergenza ed Evacuazione – Fac-simile di PEE

Proviamo a esemplificare un possibile percorso di redazione di un corretto piano di Evacuazione. Tale esemplificazione, come facilmente si comprende, non può essere esaustiva di tutti gli aspetti ma di quanto sarebbe opportuno considerare nel Piano. Sarà compito del bravo consulente quello di contestualizzare il piano di evacuazione sulla necessità e sulle peculiarità del luogo di lavoro.

Il Piano di Emergenza ed Evacuazione PEE è un documento essenziale per qualsiasi organizzazione. Esso fornisce un piano d'azione strutturato che descrive come i dipendenti devono rispondere in caso di un'emergenza sul posto di lavoro. La sua redazione deve essere precisa, chiara e dettagliata per garantire che tutti comprendano i loro ruoli e le loro responsabilità durante una crisi, prevedendo anche eventuali falle del sistema. In questo paragrafo, esploreremo come redigere un efficace Piano di Emergenza ed Evacuazione.

### 1. Identificazione delle Possibili Emergenze

Il primo passo nella redazione di un piano di emergenza e di evacuazione è l'identificazione delle possibili emergenze che potrebbero sorgere sul luogo di lavoro. Queste possono includere incendi, allagamenti, incidenti chimici, attacchi terroristici, disastri naturali e altro ancora. È importante esaminare attentamente l'ambiente di lavoro e identificare tutti i potenziali pericoli.

### 2. Definizione dei Percorsi di Evacuazione

Una volta identificate le possibili emergenze, è necessario stabilire i percorsi di evacuazione sicuri. Questi dovrebbero essere chiaramente segnalati e devono essere facilmente accessibili da tutte le aree dell'edificio. Inoltre, dovrebbero condurre a un luogo di raduno sicuro lontano dall'edificio dal quale si deve evacuare o ci si deve allontanare.

### 2. Assegnazione dei Ruoli

È fondamentale assegnare ruoli specifici ai membri del team durante un'emergenza. Ciò potrebbe includere un responsabile dell'evacuazione, una persona incaricata di chiamare i servizi di emergenza, e individui che assistono le persone con disabilità durante l'evacuazione e un team che valuti il lavoro svolto *ex post*.

### 4. Creazione di Procedure di Risposta

Le procedure di risposta devono essere dettagliate per ciascuna possibile emergenza. Queste dovrebbero includere i passaggi specifici che i dipendenti devono seguire, come suonare l'allarme, chiudere porte e finestre, utilizzare attrezzature di sicurezza come estintori, e come evacuare in modo sicuro.

### 5. Formazione dei Dipendenti

Ricordiamo, come se ce ne fosse bisogno, che questa è la parte più importante di tutto il piano cioè la condivisione con tutti gli interessati a vario livello del piano stesso o di alcune procedure specifiche alle quali attenersi in caso di emergenza ed evacuazione.

Una volta redatto il piano, è essenziale fornire una formazione adeguata a tutti i dipendenti. Questa formazione dovrebbe includere esercitazioni di evacuazione, corsi su come usare le attrezzature di sicurezza, e sessioni informative su come rispondere a diverse situazioni di emergenza. La ripetizione periodica della formazione insieme alle prove di evacuazione renderanno efficace ed efficiente il piano stesso.

## 6. Revisione e Aggiornamento del Piano

Infine, il piano di emergenza e di evacuazione dovrebbe essere regolarmente rivisto e aggiornato a valle di ogni esercitazione qualora siano state riscontrate criticità e malfunzionamenti. Ciò garantisce che il piano rimanga attuale e tenga conto di eventuali modifiche al luogo di lavoro, come ristrutturazioni o l'introduzione di nuovi materiali pericolosi.

# Istituzione e Formazione del Team di Primo Soccorso Aziendale

Il Primo Soccorso Aziendale è una parte critica di qualsiasi piano di sicurezza sul lavoro. In caso di incidente o emergenza, il team di primo soccorso aziendale è la prima linea di difesa nel fornire cure mediche d'urgenza. Questo paragrafo illustrerà, sempre in maniera esemplificativa e non esaustiva, come istituire e formare una efficace squadra di primo soccorso aziendale.

## 1. Selezione del Team di Primo Soccorso

La individuazione e selezione della squadra di primo soccorso è il primo passo per l'istituzione del primo soccorso aziendale. I membri della squadra devono essere volontari disponibili e devono avere la capacità di rimanere calmi in situazioni di stress, avere il cosiddetto sangue freddo. È inoltre importante scegliere membri del gruppo che lavorano in varie posizioni organizzative e turni per garantire che ci sia sempre qualcuno disponibile in caso di emergenza e che quindi il piano possa essere correttamente attuato in ogni momento.

## 2. Formazione del Team di Primo Soccorso

Una volta selezionato il team di primo soccorso, il passo conseguente è la sua formazione o addestramento. I membri del gruppo dovrebbero seguire un corso di formazione di primo soccorso certificato che copra le tecniche di base di primo soccorso, come la rianimazione cardiopolmonare (CPR), il controllo delle emorragie, il trattamento di ustioni, fratture, traumi e altre condizioni mediche di emergenza. Questa formazione deve essere rinnovata periodicamente per garantire che le competenze dei membri del team siano aggiornate.

## 3. Equipaggiamento del Team di Primo Soccorso

Il gruppo di primo soccorso deve avere accesso a un kit di primo soccorso ben fornito. Il kit dovrebbe contenere tutti gli articoli necessari per gestire una varietà di situazioni di emergenza, tra cui bende, garze, disinfettanti, coperte termiche, maschere per la RCP e altro ancora. Il kit di primo soccorso dovrebbe essere conservato in una posizione facilmente accessibile e tutti i membri della squadra dovrebbero sapere dove si trova e come vi si accede.

## 4. Definizione dei Protocolli di Risposta

È importante stabilire protocolli di risposta chiari per la squadra di primo soccorso. Questi protocolli dovrebbero delineare le azioni specifiche che i membri del gruppo devono intraprendere in risposta a varie situazioni di emergenza. Ciò può includere la valutazione dell'incidente, l'applicazione delle tecniche di primo soccorso appropriate e la comunicazione con i servizi di emergenza.

## 5. Esercitazioni di Primo Soccorso

Infine, è utile organizzare regolari esercitazioni di primo soccorso per permettere alla squadra di mettere in pratica le proprie competenze. Queste esercitazioni possono aiutare a identificare eventuali lacune nella formazione o nei protocolli di risposta e possono fornire ai membri del gruppo l'opportunità di familiarizzare con le procedure di emergenza in un ambiente controllato.

# Gestione della Sicurezza sul Lavoro

La sicurezza sul lavoro non è un aspetto secondario delle operazioni aziendali, ma un elemento chiave per garantire il benessere dei dipendenti e la continuità delle operazioni. Questo paragrafo tratterà i principi fondamentali della gestione della sicurezza sul lavoro.

Spesso nella nostra esperienza di consulenti riscontriamo che i datori di lavoro considerano la sicurezza sul lavoro come un prodotto da acquistare ed una volta acquistato non debba essere più utilizzato. Viceversa, dobbiamo sottolineare che la sicurezza sul lavoro va gestita nel tempo, con controlli con miglioramenti e con puntualizzazione costante sugli aspetti da migliorare. Quindi possiamo definire la sicurezza sul lavoro come una costante della vita stessa dell'azienda, non scindibile da essa ma presente in ogni fase ed ogni decisione che la riguarda.

## 1. Definizione della Politica di Sicurezza sul Lavoro

Tutte le aziende dovrebbero avere una chiara politica di sicurezza sul lavoro, che affermi l'impegno dell'azienda per la sicurezza e fornisca una visione generale degli obiettivi di sicurezza. Questa politica dovrebbe essere comunicata a tutti i dipendenti e dovrebbe guidare tutte le decisioni e le azioni relative alla sicurezza sul lavoro.

## 2. Identificazione e Valutazione dei Rischi

Uno dei principali compiti nella gestione della sicurezza sul lavoro è l'identificazione e la valutazione dei rischi. Ciò comporta l'analisi delle attività di lavoro, delle attrezzature e delle sostanze per identificare potenziali pericoli e valutare il rischio che essi rappresentano.

## 3. Implementazione di Misure di Controllo dei Rischi

Una volta identificati i rischi, dovrebbero essere implementate misure di controllo dei rischi per ridurre o eliminare tali rischi. Queste misure possono includere cambiamenti nelle procedure di lavoro, l'uso di attrezzature di sicurezza, la formazione dei dipendenti, e gestione di sistemi di monitoraggio e allarme.

La formazione e l'educazione dei dipendenti sono componenti fondamentali della gestione della sicurezza sul lavoro. Tutti i lavoratori dovrebbero ricevere formazione sulla politica di sicurezza dell'azienda, sui rischi specifici del loro lavoro, sulle misure di controllo dei rischi, e su come rispondere in caso di emergenza.

La gestione della sicurezza sul lavoro dovrebbe includere un processo di monitoraggio e revisione continuo. Ciò dovrebbe includere l'ispezione regolare dei luoghi di lavoro e delle attrezzature, la revisione delle registrazioni degli incidenti e degli infortuni, e la valutazione dell'efficacia delle misure di controllo dei rischi. Gli audit periodici costituiscono parte integrante del processo di apprendimento e di miglioramento degli standard qualitativi della sicurezza. Costituiscono uno degli ambiti fondamentali non solo in fase di verifica e controllo, ma anche in fase di apprendimento e conoscenza delle variabili della produzione presenti in azienda. In un certo senso potremmo affermare che il ricorso all'audit periodico ci consente di aggiornare quella fotografia fatta in fase iniziale rendendoci conto in maniera realistica di quali sono le variazioni occorse nel tempo.

La gestione della sicurezza sul lavoro, quindi, rappresenta un processo continuo che richiede l'impegno costante da parte di tutti gli attori dell'organizzazione. Attraverso la politica di sicurezza, la valutazione dei rischi, l'implementazione di misure di controllo, la formazione dei dipendenti, e il monitoraggio e la revisione, le aziende possono creare un ambiente di lavoro sicuro e sano per tutti i dipendenti.

In questa sezione tratteremo delle figure della prevenzione, cioè dei soggetti chiamati a svolgere un ruolo nella gestione della sicurezza sul lavoro in azienda. Come nostro costume in questo libro andremo sul carattere principale e sulle attribuzioni e competenze che rendono il sistema della sicurezza sul lavoro un sistema organizzato e funzionante in base a criteri chiari che tengono conto sia della parte organizzativa stretta, che quella relazionale con la controparte sindacale.

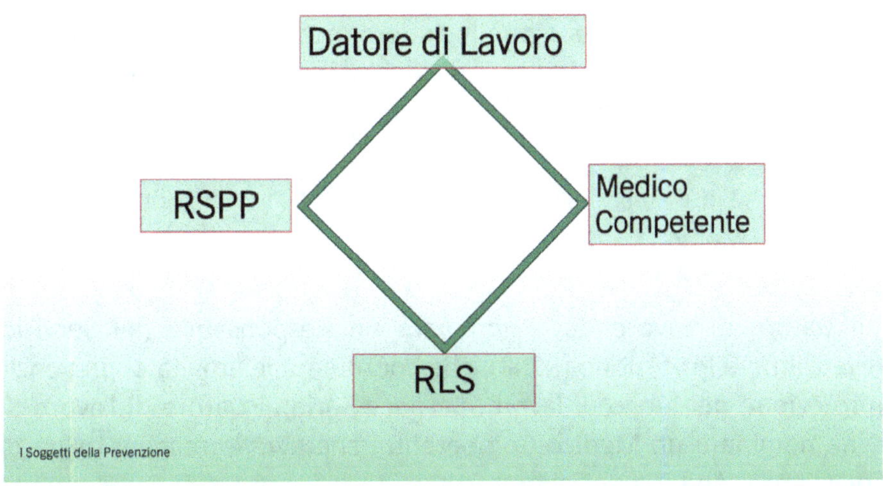


## Il Datore di Lavoro

### Il Datore di Lavoro nel D. Lgs 81/2008 – Ruolo e Responsabilità

Il Datore di Lavoro svolge un ruolo centrale nella promozione e nel mantenimento della sicurezza e del benessere dei lavoratori, come delineato nel Decreto Legislativo 81 del 2008, noto anche come "Testo Unico sulla Sicurezza sul Lavoro". In questo capitolo, esploreremo le principali responsabilità del Datore di Lavoro secondo il D.Lgs 81/2008.

## 1. Valutazione dei Rischi

Il Datore di Lavoro è tenuto a garantire che vengano condotte regolari valutazioni dei rischi sul luogo di lavoro. Queste valutazioni devono identificare qualsiasi pericolo che potrebbe causare danni alla salute o alla sicurezza dei lavoratori e determinare le misure appropriate per gestire tali rischi.

## 2. Adozione di Misure di Prevenzione e Protezione

Una volta identificati i rischi, il Datore di Lavoro è responsabile dell'adozione di tutte le misure necessarie per garantire la sicurezza e la salute dei lavoratori. Questo può includere modifiche ai processi di lavoro, l'uso di dispositivi di protezione individuale, la formazione dei lavoratori e l'istituzione di procedure di emergenza.

## 3. Nomina del Responsabile del Servizio di Prevenzione e Protezione (RSPP) e del Medico Competente

Il Datore di Lavoro deve nominare un Responsabile del Servizio di Prevenzione e Protezione (RSPP), che coordinerà le attività di prevenzione e protezione nel luogo di lavoro. Se necessario, il Datore di Lavoro deve anche nominare un Medico Competente, che avrà la responsabilità della sorveglianza sanitaria dei lavoratori.

## 4. Informazione e Formazione dei Lavoratori

Il Datore di Lavoro deve garantire che tutti i lavoratori ricevano adeguate informazioni e formazione sui rischi presenti nel luogo di lavoro e sulle misure di prevenzione e protezione adottate. Questa formazione deve essere ripetuta periodicamente e deve essere adeguata alla natura dei rischi, al tipo di lavoro e alla posizione del lavoratore.

Infine, il Datore di Lavoro è tenuto a consultare i lavoratori e a permettere la loro partecipazione alla discussione e alla gestione delle questioni relative alla sicurezza e alla salute sul luogo di lavoro.

In conclusione, il D.Lgs 81/2008 attribuisce al Datore di Lavoro una serie di responsabilità fondamentali per garantire la sicurezza e la salute dei lavoratori. Il rispetto di questi doveri non solo contribuisce a creare un ambiente di lavoro sicuro e sano, ma è anche un requisito legale essenziale.

# Le Responsabilità Penali personali ed Amministrative del Datore di Lavoro

Il ruolo del datore di lavoro è cruciale per la sicurezza sul lavoro. Le responsabilità penali e amministrative del datore di lavoro sottolineano l'importanza e la necessità di un approccio proattivo alla prevenzione degli incidenti sul lavoro.

La norma prevede che il datore di lavoro ha l'obbligo di tutelare la sicurezza e la salute dei lavoratori, in quanto titolare del rapporto di lavoro. Da questo aspetto ne discende tutto l'ambito di responsabilità a carico del datore di lavoro, in quanto per ogni infortunio la parte inquirente verificherà se il datore di lavoro ha fatto tutto quello che era nelle sue possibilità per tutelare la sicurezza e la salute dei lavoratori. Questo è il punto cruciale sul quale vengono erogate sanzioni amministrative penali a carico del datore di lavoro. Si badi bene che le responsabilità sono del datore di lavoro e non dell'azienda, in quanto il destinatario dell'obbligo è proprio il datore di lavoro, il quale per essere tale deve avere adeguato potere di spesa, potremmo dire, illimitato potere di spesa, affinché nulla possa essere accampato come scusa per essersi sottratto all'obbligo.

Parte fondamentale della attività di consulenza sulla sicurezza sul lavoro è proprio la predisposizione di un accurato sistema delegatorio, il quale individua i vari soggetti della prevenzione e la linea di comando-controllo che parte dal datore di lavoro e si spinge fino a dirigenti e preposti.

La sicurezza sul lavoro è una questione di primaria importanza e il Testo Unico sulla Sicurezza sul Lavoro (D.Lgs. 81/2008) mette in evidenza l'importanza del ruolo del datore di lavoro nel garantire un ambiente di lavoro sicuro. Questo capitolo esplorerà le responsabilità penali e amministrative del datore di lavoro come delineate dal D.Lgs. 81/2008.

## 1. Le Responsabilità Penali del Datore di Lavoro

Secondo il D.Lgs. 81/2008, il datore di lavoro può essere ritenuto responsabile penalmente in caso di incidenti sul lavoro. Se, a causa di violazioni delle norme sulla sicurezza, un lavoratore subisce un infortunio o una malattia professionale, il datore di lavoro può essere perseguito penalmente. Questo può comportare sanzioni pecuniarie o, nei casi più gravi, l'arresto e la reclusione.

## 2. Le Responsabilità Amministrative del Datore di Lavoro

Oltre alle responsabilità penali, il datore di lavoro ha anche responsabilità amministrative. Se il datore di lavoro non rispetta le disposizioni del D.Lgs. 81/2008, può essere soggetto a sanzioni amministrative. Queste possono includere multe, la sospensione dell'attività o la revoca di licenze e permessi.

## 3. L'Importanza della Prevenzione

Le responsabilità penali e amministrative del datore di lavoro sottolineano l'importanza della prevenzione. Il datore di lavoro ha l'obbligo di fare tutto il possibile per prevenire gli incidenti sul lavoro. Questo include la valutazione dei rischi, l'attuazione di misure di prevenzione e protezione, la formazione dei lavoratori e la sorveglianza sanitaria.

## 4. Il Ruolo della Consultazione

Il D.Lgs. 81/2008 sottolinea l'importanza della consultazione con i rappresentanti dei lavoratori per la sicurezza (RLS). Il datore di lavoro deve consultare l'RLS su tutte le questioni relative alla sicurezza e alla salute sul lavoro. Questo può aiutare a prevenire gli incidenti sul lavoro e a ridurre il rischio di responsabilità penali e amministrative.

# Ruolo del Responsabile del Servizio di Prevenzione e Protezione (RSPP)

Il Responsabile del Servizio di Prevenzione e Protezione (RSPP) svolge un ruolo essenziale nella gestione della sicurezza e del benessere dei lavoratori. Questa sezione approfondirà le responsabilità e le funzioni del RSPP.

## 1. Definizione del Ruolo del RSPP

Il RSPP è la figura di riferimento per la gestione della sicurezza sul lavoro all'interno di un'azienda. La sua funzione principale è coordinare e gestire tutte le attività di prevenzione e protezione dei rischi sul lavoro. Questa figura può essere individuata all'interno dell'organico dell'azienda o può essere un professionista esterno.

## 2. Identificazione e Valutazione dei Rischi

Uno dei compiti fondamentali del RSPP è l'identificazione e la valutazione dei rischi sul posto di lavoro. Ciò include l'esame delle condizioni di lavoro, delle attrezzature utilizzate, dei materiali e delle sostanze manipolate, e del comportamento dei lavoratori. Il RSPP è anche responsabile della redazione del Documento di Valutazione dei Rischi (DVR), che descrive in dettaglio tutti i rischi identificati e le relative misure di prevenzione e protezione.

## 3. Elaborazione del Piano di Prevenzione e Protezione

Sulla base della valutazione dei rischi, il RSPP è coinvolto nell'elaborazione del Piano di Prevenzione e Protezione. Questo piano deve includere tutte le misure di controllo necessarie per ridurre o eliminare i rischi, e deve essere periodicamente aggiornato per riflettere le modifiche alle condizioni di lavoro o ai rischi identificati.

## 4. Formazione e Informazione dei Lavoratori

Il RSPP gioca un ruolo importante nella formazione dei lavoratori in materia di sicurezza sul lavoro. Deve operare in modo che tutti i lavoratori ricevano un'adeguata formazione e informazione sui rischi a cui sono esposti durante il lavoro e sulle misure di prevenzione e protezione adottate.

5. Monitoraggio e Aggiornamento delle Misure di Sicurezza

Infine, il RSPP ha la responsabilità di monitorare l'efficacia delle misure di sicurezza adottate e di aggiornarle se necessario. Ciò include il monitoraggio degli incidenti sul lavoro, l'analisi delle cause di eventuali incidenti e l'attuazione di misure correttive per prevenire incidenti futuri.

# Il Ruolo del Medico Competente nel D.Lgs 81/2008

Il Decreto Legislativo n. 81 del 2008, anche noto come "Testo Unico sulla Sicurezza sul Lavoro", pone un'enfasi particolare sul ruolo del Medico Competente nella tutela della sicurezza e della salute dei lavoratori. Questo paragrafo approfondirà le funzioni e le responsabilità del Medico Competente come delineate nel D.Lgs 81/2008.

## 1. Definizione del Ruolo del Medico Competente

Il Medico Competente è una figura professionale specializzata nella medicina del lavoro. La sua funzione principale è quella di sorvegliare le condizioni di salute dei lavoratori in relazione ai rischi occupazionali. Il Medico Competente può essere un dipendente dell'azienda o un professionista esterno.

## 2. Sorveglianza Sanitaria

Il Medico Competente è responsabile della sorveglianza sanitaria dei lavoratori, che può includere visite mediche preventive, periodiche e a seguito di rientro da malattia. L'obiettivo è identificare precocemente eventuali problemi di salute legati al lavoro e proporre misure per prevenirli o mitigarli. E' compito del Medico Competente rilasciare al Datore di Lavoro l'idoneità alla mansione del lavoratore.

## 3. Collaborazione nella Valutazione dei Rischi

Il Medico Competente deve collaborare con il Datore di Lavoro e il Responsabile del Servizio di Prevenzione e Protezione (RSPP) nella valutazione dei rischi sul posto di lavoro. Grazie alla sua formazione specialistica, il Medico Competente può fornire preziosi contributi in termini di rischi per la salute legati al lavoro.

## 4. Formazione e Informazione dei Lavoratori

Un altro compito importante del Medico Competente è contribuire alla formazione e all'informazione dei lavoratori riguardo ai rischi per la salute legati al lavoro e alle misure di prevenzione adottate.

## 5. Contributo alla Salute sul Lavoro

Il Medico Competente ha un ruolo importante nella promozione della salute sul luogo di lavoro. Ciò può includere la raccomandazione di cambiamenti nel design del posto di lavoro, nell'organizzazione del lavoro o nella scelta di attrezzature e materiali per ridurre i rischi per la salute.

# Il Ruolo del Rappresentante dei Lavoratori per la Sicurezza (RLS) nel D.Lgs 81/2008

Il Decreto Legislativo n. 81 del 2008 sottolinea l'importanza del ruolo Rappresentante dei Lavoratori per la Sicurezza (RLS) nel garantire la salute e la sicurezza dei lavoratori. In questo capitolo, esploreremo le responsabilità e le funzioni dell'RLS secondo il D.Lgs 81/2008. La funzione propositiva e di controllo viene ereditata dall'art. 9 della legge 300/70, ossia dallo Statuto dei lavoratori.

## 1. Definizione del Ruolo dell'RLS

Il Rappresentante dei Lavoratori per la Sicurezza (RLS) è un lavoratore eletto o designato per rappresentare i lavoratori in materia di salute e sicurezza sul lavoro. Il suo ruolo principale è quello di rappresentare gli interessi dei lavoratori, promuovere la loro partecipazione attiva alla sicurezza sul lavoro e agevolare la comunicazione tra lavoratori e datore di lavoro.

## 2. Partecipazione alla Consultazione e alla Decisione

L'RLS ha il diritto di partecipare a tutte le consultazioni sulla sicurezza e la salute sul lavoro, inclusa la valutazione dei rischi, la scelta delle misure di prevenzione e protezione, e l'organizzazione della formazione sulla sicurezza. L'RLS ha anche il diritto di partecipare alle decisioni relative alla nomina del Responsabile del Servizio di Prevenzione e Protezione (RSPP) e del Medico Competente.

### 3. Accesso alle Informazioni e Formazione

L'RLS ha il diritto di accedere a tutte le informazioni e i documenti relativi alla sicurezza e alla salute sul lavoro, e deve ricevere una formazione adeguata e specifica sui rischi presenti nel luogo di lavoro e sulle misure di prevenzione e protezione adottate.

### 4. Segnalazione di Pericoli e Incidenti

Il RLS ha il compito di segnalare al Datore di Lavoro e al RSPP eventuali pericoli o incidenti che si verificano sul posto di lavoro dei quali abbia notizia, e di proporre misure per migliorare la sicurezza e la salute dei lavoratori.

### 5. Promozione della Sicurezza sul Lavoro

Infine, l'RLS svolge un ruolo attivo nella promozione della sicurezza sul lavoro tra i lavoratori, sensibilizzandoli sui rischi e incoraggiandoli a seguire le misure di prevenzione e protezione.

l'RLS svolge un ruolo fondamentale nel D.Lgs 81/2008 come portavoce dei lavoratori in materia di salute e sicurezza sul lavoro. La sua partecipazione attiva contribuisce a creare un ambiente di lavoro più sicuro e sano, e a promuovere una cultura della sicurezza tra i lavoratori. In tale vicenda si comprende facilmente che il rappresentante dei lavoratori non ha un ruolo sindacale ma ha il ruolo di soggetto della prevenzione e quindi attivo relativamente alle attività svolte in margine alla sicurezza. Fondamentale in tal senso la specifica partecipazione alle relazioni di concertazione che avvengono tra azienda e parte sindacale.

# Creazione e Attuazione di un Sistema di Gestione della Sicurezza sul Lavoro (SGSL)

Come abbiamo visto gli impegni e le responsabilità sia del datore di lavoro che delle altre figure dedicate alla attuazione delle attività di sicurezza sul lavoro in azienda, sono gravosi e le cui pene sono estremamente rilevanti. Per sistematizzare per ottimizzare l'applicazione delle norme ci viene in aiuto il Sistema di Gestione. Questo è uno strumento fondamentale che sei ben utilizzato può essere realmente utile, consentendoci di non dimenticare nessun aspetto fondamentale e ottemperare alle varie attività che sono in calendario in maniera ottimizzata.

Creare e implementare un Sistema di Gestione della Sicurezza sul Lavoro (SGSL) è fondamentale per gestire efficacemente i rischi sul posto di lavoro e garantire un ambiente di lavoro sicuro e sano. Questa sezione sarà dedicata ad illustrare in maniera esemplificativa le fasi chiave per la creazione e l'attuazione di un SGSL efficace. Naturalmente come più volte detto le nostre sono solo indicazioni di massima che vanno affrontate dal datore di lavoro o dal consulente o dal responsabile sicurezza contestualizzando i cardini generali illustrati del Sistema di Gestione.

## 1. Analisi e conformità delle Normative Vigenti

Prima di tutto, è necessario conoscere e comprendere le normative vigenti in materia di sicurezza sul lavoro, come il D.Lgs. 81/2008. Diventa anche opportuno conoscere anche la letteratura sugli aspetti organizzativi in quanto sistema di gestione è prima di tutto un sistema di organizzazione della gestione. Questi sono i presupposti che forniranno le solide basi sulle quali costruire il SGSL e assicureranno che il sistema sia in linea con le leggi, anche perché il sistema di gestione parte dal presupposto che le norme cogenti siano state rispettate.

Di modelli di sistemi di gestione ne esistono di diversi tipi e la norma non prevede l'adozione di uno piuttosto che un altro, tuttavia il sistema di gestione predisposto dall'Inail costruito insieme all'UNI e quello che sarebbe da preferire, anche perché ottimale in funzione del modello OT23 predisposto da INAIL.

## 2. Valutazione dei Rischi

La valutazione dei rischi è una parte fondamentale di qualsiasi SGSL, ma non solo essendo un punto cardine della conformità alla 81/2008. È necessario quindi identificare e valutare i potenziali rischi per la sicurezza e la salute dei lavoratori, e poi sviluppare le misure per gestirli efficacemente. Tuttavia, la valutazione dei rischi è quella già sviluppata per il documento di valutazione del rischio il cosiddetto DVR che però va mantenuta costantemente aggiornata.

## 3. La politica della Sicurezza

La politica di sicurezza è una esplicitazione degli obiettivi dell'azienda in termini di sicurezza sul lavoro. Questa politica dovrebbe essere comunicata a tutti i lavoratori e dovrebbe guidare, essendo in linea con tutte le decisioni, le azioni legate alla sicurezza sul lavoro.

## 4. Creazione di Procedure e Istruzioni di Lavoro Sicuro

Una volta identificati i rischi e stabilita la politica di sicurezza, si dovrebbe sviluppare le procedure di lavoro sicure e istruzioni di lavoro che i lavoratori possono seguire. Queste procedure e istruzioni dovrebbero essere facilmente comprensibili e accessibili a tutti i lavoratori. Qualora siano presenti barriere linguistiche necessiterà erogare la formazione anche nella lingua compresa dai lavoratori stranieri, o comunque accertarsi che le istruzioni siano state ben comprese.

## 5. Formazione e Istruzione dei Lavoratori

I lavoratori devono essere adeguatamente formati e istruiti sull'uso sicuro delle attrezzature, sulle procedure di sicurezza sul lavoro, e sui protocolli di emergenza. La formazione dovrebbe essere continua e dovrebbe essere aggiornata regolarmente per tenere conto dei nuovi rischi e delle nuove tecniche di prevenzione.

## 6. Controllo, monitoraggio e revisione

Infine, il SGSL dovrebbe essere controllato, monitorato e rivisto regolarmente per assicurarsi che rimanga efficace nel tempo e che risponda alle esigenze mutevoli dell'azienda e dei lavoratori. Da questo deriva includere l'ispezioni regolari del posto di lavoro, l'analisi degli incidenti e dei quasi infortuni, e la revisione delle procedure e delle politiche di sicurezza.

In conclusione, creare e attuare un Sistema di Gestione della Sicurezza sul Lavoro è un processo complesso che richiede una comprensione delle normative vigenti, un'accurata valutazione dei rischi, la creazione di procedure sicure di lavoro, la formazione dei lavoratori, e un costante controllo, monitoraggio e revisione. Con un SGSL efficace, si potrà migliorare significativamente la sicurezza sul lavoro e proteggere la salute oltre il disposto normativo che comunque deve considerarsi assolto in partenza.

# Le Nuove Sfide per la Sicurezza sul Lavoro nel Futuro

Il mondo del lavoro è in continua evoluzione. L'innovazione tecnologica, i cambiamenti sociali, politici ed economici stanno modificando le dinamiche del lavoro e portando nuove sfide per la sicurezza sul lavoro. Questa sezione esplorerà alcune di queste sfide emergenti e discuterà di come le aziende possono prepararsi per affrontarle.

## 1. L'Automazione e l'Intelligenza Artificiale

L'automazione e l'intelligenza artificiale stanno rivoluzionando molti settori. Sebbene possano migliorare l'efficienza e ridurre alcuni rischi fisici, portano anche nuove problematiche. Ad esempio, i lavoratori dovranno imparare a interagire in modo sicuro con le macchine automatizzate. Inoltre, ci sono potenziali rischi per la salute mentale legati alla paura della sostituzione del lavoro da parte delle macchine o la possibile generazione di fenomeni di alienazione.

## 2. Lavoro a Distanza

La pandemia di COVID-19 ha accelerato la transizione verso il lavoro a distanza (per talune tipologie di lavoratori). Anche se questa modalità di lavoro può ridurre i rischi fisici e di interferenza, presenta nuove sfide per la sicurezza e il benessere dei lavoratori, inclusi problemi ergonomici, isolamento sociale, stress e sovraccarico di lavoro. Possiamo affermare che il lavoro a distanza toglie problemi ma ne aggiunge altri prima non considerati.

## 3. Cambiamenti Demografici

L'invecchiamento della forza lavoro, l'aumento della diversità e l'ingresso delle nuove generazioni pongono sfide per la sicurezza sul lavoro. È necessario garantire che i luoghi di lavoro siano sicuri e inclusivi per tutti i lavoratori, indipendentemente dalla loro età, sesso, origine etnica o disabilità. L'invecchiamento della forza lavoro impone riflessioni sul modo di concepire il pericolo ed in rischio. Anche se ancora poco valutato, tale fenomeno si porrà all'attenzione con forza nei prossimi anni.

## 4. Cambiamenti Climatici

I cambiamenti climatici possono avere un impatto significativo sulla sicurezza sul lavoro. Ad esempio, gli aumenti di temperatura possono portare a condizioni di lavoro più calde e a un aumento dei rischi legati al calore. Inoltre, eventi climatici estremi possono creare condizioni di lavoro pericolose. I rischi legati a stress termico sono inusuali alle nostre latitudini, perlomeno nella rappresentazione attuale, e quindi non ancora pienamente valutati nella nostra cultura.

## 5. Salute Mentale sul Lavoro

La salute mentale sul luogo di lavoro sta diventando un problema sempre più importante per la sicurezza sul lavoro. Le aziende dovranno affrontare problemi come lo stress, l'ansia e la depressione, che possono essere esacerbati da fattori come l'incertezza economica, il sovraccarico di lavoro e l'isolamento sociale. Anche la presenza massiccia di strumenti di socializzazione indotta dagli smartphone sta modificando la modalità di relazione tra le persone con effetti non ancora valutabili appieno, così come anche il diffuso ricorso a videochiamate a distanza impone nuovi modelli di relazione sociale che hanno effetti ancora non prevedibili. Tutto questo in un modo o nell'altro avrà impatto sulla salute mentale delle persone e quindi dei lavoratori.

## La Resilienza Organizzativa e l'Importanza della Cultura della Sicurezza

La resilienza organizzativa e la cultura della sicurezza sono due concetti strettamente correlati e fondamentali per la gestione efficace della sicurezza sul lavoro. Questa sezione esaminerà entrambi questi concetti e discuterà il loro ruolo nel garantire un ambiente di lavoro sicuro e sano.

## 1. Resilienza Organizzativa

La resilienza organizzativa si riferisce alla capacità di un'organizzazione di resistere, adattarsi e recuperare da eventi avversi, siano essi incidenti sul lavoro, disastri naturali, o cambiamenti nel mercato o nell'ambiente di lavoro. Una organizzazione resiliente è preparata per affrontare queste sfide, grazie a un'efficace pianificazione di emergenza, alla formazione dei lavoratori, e alla capacità di apprendere e migliorare dalle situazioni avverse.

## 2. Cultura della Sicurezza

La cultura della sicurezza è l'insieme di valori, atteggiamenti, percezioni e comportamenti condivisi all'interno di un'organizzazione che influenzano la gestione della sicurezza sul lavoro. Una forte cultura della sicurezza può motivare i lavoratori a seguire le procedure di sicurezza, a segnalare i potenziali pericoli, e a partecipare attivamente alla prevenzione degli incidenti sul lavoro. Non possiamo quindi pensare che una cultura del lavoro sia lontana da una generale cultura dell'educazione e del rispetto sul luogo di lavoro. Le somme di questi aspetti generano inevitabilmente il clima aziendale di cui si è sempre parlato nel mondo del lavoro i cui effetti in bene o in male si vedono bene ad un occhio esperto.

## 3. Il Ruolo della Resilienza Organizzativa e della Cultura della Sicurezza nella Gestione della Sicurezza sul Lavoro

La resilienza organizzativa e la cultura della sicurezza giocano un ruolo fondamentale nel mantenimento di un ambiente di lavoro sicuro e sano. Una organizzazione resiliente è in grado di prevenire molti incidenti sul lavoro grazie a una efficace pianificazione e formazione. E quando si verificano incidenti, è in grado di rispondere efficacemente e di recuperare rapidamente.

Allo stesso modo, una forte cultura della sicurezza può contribuire a prevenire gli incidenti sul lavoro motivando i lavoratori a seguire le procedure di sicurezza e a segnalare i potenziali pericoli. Inoltre, può contribuire a migliorare la risposta dell'organizzazione agli incidenti, promuovendo la cooperazione e la comunicazione tra i lavoratori.

## 4. Promozione della Resilienza Organizzativa e della Cultura della Sicurezza

Ci sono molte strategie che un'organizzazione può adottare per promuovere la resilienza organizzativa e la cultura della sicurezza. Queste includono la formazione dei lavoratori, la comunicazione aperta e regolare sulla sicurezza, la promozione dell'engagement dei lavoratori nella sicurezza, e l'implementazione di un sistema di gestione della sicurezza sul lavoro.

La resilienza organizzativa e la cultura della sicurezza sono fondamentali per la gestione efficace della sicurezza sul lavoro. Promuovendo queste qualità, le organizzazioni possono creare un ambiente di lavoro più sicuro e sano, migliorare la loro capacità di affrontare le sfide e proteggere il benessere dei loro lavoratori.

# Riepilogo dei Punti Chiave del Libro

Questo libro ha coperto una vasta gamma di argomenti relativi alla sicurezza sul lavoro. Qui di seguito, troverete un riepilogo breve dei punti chiave discussi.

## 1. Importanza della Sicurezza sul Lavoro

La sicurezza sul lavoro è fondamentale per proteggere la salute e il benessere dei lavoratori, per evitare costosi incidenti e pericoli, e per rispettare le leggi e i regolamenti. Tutte le organizzazioni devono considerare la sicurezza sul lavoro una priorità.

## 2. Il D.Lgs. 81/2008

Il D.Lgs. 81/2008, ossia il Testo Unico sulla Sicurezza sul Lavoro, stabilisce le linee guida per la sicurezza sul lavoro in Italia. È fondamentale che i datori di lavoro, i lavoratori e gli altri soggetti coinvolti ne comprendano i requisiti.

## 3. Ruoli e Responsabilità dei soggetti coinvolti

I vari soggetti coinvolti nella sicurezza sul lavoro, tra cui il datore di lavoro, il medico competente, il Responsabile del Servizio di Prevenzione e Protezione (RSPP) e il Rappresentante dei Lavoratori per la Sicurezza (RLS), hanno ruoli e responsabilità specifici che devono essere compresi e rispettati.

## 4. Identificazione e Gestione dei Rischi

La valutazione dei rischi è un elemento chiave della gestione della sicurezza sul lavoro. È necessario identificare, valutare e controllare i rischi per prevenire incidenti sul lavoro.

## 5. Misure Preventive e di Protezione

È necessario adottare misure preventive e di protezione appropriate, compresi la formazione, l'uso di Equipaggiamenti di Protezione Individuale

(DPI), la pianificazione delle emergenze e l'implementazione di un Sistema di Gestione della Sicurezza sul Lavoro (SGSL).

## 6. Resilienza Organizzativa e Cultura della Sicurezza

La resilienza organizzativa e la cultura della sicurezza sono fondamentali per la gestione efficace della sicurezza sul lavoro. Le organizzazioni dovrebbero cercare di promuovere queste qualità.

## 7. Futuro della Sicurezza sul Lavoro

La sicurezza sul lavoro è un campo in evoluzione, con nuove sfide e opportunità che emergono a causa dell'innovazione tecnologica, dei cambiamenti nel mondo del lavoro, e dei cambiamenti nel panorama legislativo. Le organizzazioni devono essere pronte a rispondere a queste sfide e a sfruttare queste opportunità.

In conclusione, la gestione efficace della sicurezza sul lavoro richiede una comprensione completa delle leggi e dei regolamenti, una valutazione accurata dei rischi, l'implementazione di misure preventive e protettive adeguate, e la promozione della resilienza organizzativa e della cultura della sicurezza. Con questi elementi in atto, le organizzazioni possono proteggere la salute e il benessere dei loro lavoratori, prevenire incidenti sul lavoro, e rispettare il rapporto con le parti sociali ed istituzionali.

## Riflessioni concettuali sulla Sicurezza sul Lavoro

Mentre ci avviciniamo alla conclusione di questo volume, è utile fare un passo indietro e riflettere su ciò che abbiamo appreso sui precetti della Sicurezza sul Lavoro.

La sicurezza sul lavoro non è un optional o una scelta, ma un diritto fondamentale di ogni lavoratore. Un ambiente di lavoro sicuro non solo previene infortuni e malattie, ma contribuisce anche a creare un'atmosfera positiva, produttiva e motivante. Le organizzazioni che considerano la sicurezza sul lavoro una priorità sono più in grado di attrarre e mantenere talenti, minimizzare i costi associati agli incidenti sul lavoro e garantire la conformità legale.

L'applicazione delle normative, come il D.lgs. 81/2008 in Italia, svolge un ruolo cruciale nell'assicurare che tutti i datori di lavoro prendano seriamente in considerazione la sicurezza sul lavoro. Tuttavia, rispettare la legge è il minimo indispensabile. Le aziende veramente eccellenti vanno oltre la semplice conformità e si sforzano di creare una cultura della sicurezza in cui ogni individuo sente la responsabilità di mantenere sé stesso e i suoi colleghi al sicuro.

Nonostante le sfide, è importante ricordare che la sicurezza sul lavoro è un'area in cui i miglioramenti sono sempre possibili. L'innovazione tecnologica, l'educazione e la formazione continua, la cooperazione tra tutte le parti interessate e un impegno verso la prevenzione possono tutti contribuire a creare ambienti di lavoro più sicuri.

Guardando al futuro, è probabile che la sicurezza sul lavoro continuerà ad evolversi per rispondere ai cambiamenti nel mondo del lavoro e alle nuove sfide emergenti. La resilienza organizzativa e l'adozione di un approccio proattivo alla gestione della sicurezza saranno fondamentali per affrontare questi cambiamenti.

La sicurezza sul lavoro è una questione di importanza vitale che richiede l'attenzione di tutti. Dalle leggi ai ruoli e alle responsabilità, dai rischi sul luogo di lavoro alle strategie di prevenzione, c'è molto da considerare e da gestire. Tuttavia, con la conoscenza, l'impegno e la volontà di fare sempre meglio, possiamo tutti contribuire a creare luoghi di lavoro più sicuri e più sani.

Mentre chiudiamo questo libro, non vogliamo pensarlo come una conclusione di un viaggio, ma di un inizio. Il viaggio verso un ambiente di lavoro più sicuro è un processo continuo che richiede impegno costante, revisione e adattamento, così come questo volume, sempre in miglioramento costante. Adesso, con le informazioni, le risorse e gli strumenti che avete acquisito da questa agile lettura, siete pronti ad agire.

Ecco alcuni passi che vi incoraggiamo a intraprendere:

## 1. Effettuare una Valutazione dei Rischi

Se non l'avete già fatto, effettuate una valutazione completa e coscienziosa dei pericoli e dei rischi sul posto di lavoro. Identificate, valutate e controllate i potenziali pericoli. Questo è il primo passo verso la creazione di un ambiente di lavoro sicuro.

## 2. Promuovere la Formazione e l'Educazione

Assicuratevi che tutti i lavoratori abbiano accesso a formazione adeguata sulla sicurezza sul lavoro. Ciò include la formazione specifica per il lavoro, le istruzioni sull'uso corretto degli Equipaggiamenti di Protezione Individuale (DPI), e l'educazione sui diritti e responsabilità dei lavoratori in materia di sicurezza.

## 3. Sviluppare e Attuare un Sistema di Gestione della Sicurezza sul Lavoro

Un Sistema di Gestione della Sicurezza sul Lavoro (SGSL) è uno strumento fondamentale per integrare la sicurezza nelle operazioni quotidiane dell'organizzazione. Sviluppate e implementate un SGSL che risponde alle esigenze specifiche del vostro ambiente di lavoro.

4. Promuovere una Cultura della Sicurezza

Cercate di creare un ambiente in cui la sicurezza sia valorizzata da tutti. Ciò include la promozione di una comunicazione aperta sui problemi di sicurezza, l'incoraggiamento della segnalazione degli incidenti, e la creazione di un clima di rispetto reciproco e responsabilità condivisa.

5. Mantenere l'Impegno per la Sicurezza nel Tempo

La sicurezza sul lavoro non è un obiettivo da raggiungere una volta per tutte, ma un impegno continuo di costante miglioramento. Siate pronti a migliorare le vostre pratiche di sicurezza nel tempo, in risposta ai cambiamenti nel panorama del lavoro, alle innovazioni tecnologiche, e alle nuove scoperte nel campo della sicurezza sul lavoro.

La sicurezza sul lavoro è responsabilità di tutti. Ogni passo, per quanto piccolo, verso un ambiente di lavoro più sicuro è un passo nella giusta direzione. Non aspettate, iniziate oggi il vostro viaggio verso un luogo di lavoro più sicuro e più sano.

## Differenze di Approccio e Sostanza tra Relazioni Sindacali e Relazioni Industriali

Corre l'obbligo di precisare il senso di due aspetti pressoché simili eppure così diversi. Le relazioni sindacali e le relazioni industriali sono due aspetti fondamentali della gestione del personale nelle organizzazioni, ma hanno obiettivi e metodi diversi. Questo paragrafo esamina le differenze di approccio e sostanza tra queste due aree.

### Relazioni Sindacali

Le relazioni sindacali si riferiscono specificamente alle interazioni tra i datori di lavoro e i sindacati. I sindacati rappresentano i lavoratori e negoziano collettivamente con i datori di lavoro su questioni come i salari, le ore di lavoro, le condizioni di lavoro e la sicurezza sul lavoro. L'obiettivo principale delle relazioni sindacali è proteggere e promuovere i diritti e gli interessi dei lavoratori.

Le relazioni sindacali possono comportare negoziazioni contrattuali, risoluzione di conflitti sul lavoro e la gestione dei diritti dei lavoratori. Gli attori chiave nelle relazioni sindacali includono i rappresentanti sindacali, i lavoratori e i datori di lavoro.

### Relazioni Industriali

Le relazioni industriali, d'altra parte, sono un campo più ampio che include le relazioni sindacali, ma si estende anche ad altre aree della gestione del personale e delle relazioni di lavoro. Questo può includere la gestione delle risorse umane, le leggi del lavoro, le politiche sul lavoro e la pianificazione della forza lavoro.

L'obiettivo delle relazioni industriali è creare un equilibrio efficace tra le esigenze dei lavoratori e quelle dell'organizzazione. Questo può comportare la gestione dei conflitti sul lavoro, la promozione di pratiche di lavoro eque e sicure, e l'implementazione di politiche che promuovono la produttività e il benessere dei lavoratori.

### Differenze di Approccio e Sostanza

Mentre le relazioni sindacali si concentrano specificamente sulle relazioni tra i datori di lavoro e i sindacati, le relazioni industriali hanno un ambito più ampio che include tutte le aree delle relazioni di lavoro. Di conseguenza, le relazioni industriali possono richiedere una gamma più ampia di competenze e conoscenze, compresi la gestione delle risorse umane, il Diritto del lavoro e la pianificazione funzionale della forza lavoro.

In termini di sostanza, le relazioni sindacali tendono a concentrarsi sulla negoziazione e la promozione dei diritti dei lavoratori, mentre le relazioni industriali si concentrano su un equilibrio più ampio tra i diritti dei lavoratori e le esigenze dell'organizzazione.

In conclusione, mentre le relazioni sindacali e le relazioni industriali sono entrambe cruciali per la gestione efficace del personale e la promozione di ambienti di lavoro sicuri e produttivi, differiscono nel loro focus, obiettivi e metodi. In un'azienda piccola e poco strutturata la relazioni sindacali e relazioni industriali sono normalmente in capo al datore di lavoro o ad una figura di staff al datore di lavoro. Quindi non possiamo pensare che questi aspetti siano solo legati all'operatività delle grandi imprese, perché certamente sbaglieremmo. Detto questo diventa comprensibile che le competenze e le capacità di chi gestisce e dirige un'azienda non devono solo limitarsi alla competenza rispetto al proprio lavoro, ma deve abbracciare molte discipline anche molto varie tra esse, comprese quelle delle relazioni industriali e in taluni casi anche delle relazioni sindacali.

### Relazioni Sindacali e Sicurezza sul Lavoro

Torniamo quindi ad affrontare in questo paragrafo l'argomento che ci interessa e cioè come le relazioni sindacali svolgono un ruolo fondamentale nella promozione e nella gestione della sicurezza sul lavoro. I sindacati, rappresentando gli interessi dei lavoratori, possono essere una forza potente nel richiedere miglioramenti nelle condizioni di lavoro e nel promuovere un ambiente di lavoro sicuro e salutare. Indubbiamente dobbiamo considerare il ruolo dei Sindacati nella Sicurezza sul Lavoro, sottolineando il loro contributo determinante nel corso di questi ultimi 70 anni soprattutto per la diffusione culturale presso i lavoratori e per il loro ruolo determinante nel portare avanti scelte indiscutibili di civiltà.

### *Ruolo dei Sindacati*

I sindacati, in qualità di rappresentanti dei lavoratori, hanno un ruolo attivo nella tutela dei diritti dei lavoratori, tra cui il diritto a un ambiente di lavoro sicuro. Essi svolgono una funzione critica nella negoziazione di miglioramenti nelle condizioni di lavoro, incluso l'accesso a formazione sulla sicurezza, attrezzature di protezione individuale e applicazione di modelli di sicurezza adeguati. Inoltre, i sindacati possono svolgere un ruolo fondamentale nell'educare i lavoratori sui loro diritti e responsabilità in materia di sicurezza sul lavoro. In fondo nell'ottica della concertazione sul luogo di lavoro l'attività didattica del sindacato, anche se non istituzionalizzata nella prassi comune, sarebbe auspicabile.

### *Apporto funzionale dei sindacati nella Legge 81/08*

Il D.Lgs. 81/2008 prevede la partecipazione dei rappresentanti dei lavoratori per la sicurezza (RLS) alla gestione della sicurezza in azienda. Il RLS come abbiamo già più volte evidenziato è un lavoratore eletto o designato per rappresentare i lavoratori in materia di salute e sicurezza sul lavoro. I RLS devono essere indicati, in taluni casi, all'interno della rappresentanza sindacale e hanno diritti specifici e funzioni in merito alla sicurezza sul lavoro, come partecipare a consultazioni sulla sicurezza e salute sul lavoro, accedere a informazioni e documenti relativi alla sicurezza e salute dei lavoratori, promuovere iniziative per migliorare i livelli di salute e sicurezza. Lo sviluppo di tale aspetto fu proprio a causa degli accordi interconfederali del 1993 che generarono le figure delle RSU in aziende strutturate e che diedero corso alla figura professionalizzata della RLS.

Un altro ruolo fondamentale svolto dai sindacati è la formazione dei quadri sindacali e più in generale dei lavoratori. I sindacati possono offrire o facilitare l'accesso a corsi di formazione sulla sicurezza sul lavoro, garantendo che i lavoratori siano adeguatamente informati sui rischi sul luogo di lavoro e sulle misure di prevenzione e protezione.

## Sindacati e Promozione della Sicurezza sul Lavoro

I sindacati non si limitano a rispondere ai problemi di sicurezza sul lavoro; essi svolgono anche un ruolo proattivo nel promuovere la sicurezza sul lavoro. Questo può includere campagne di sensibilizzazione sulla sicurezza, iniziative per migliorare la cultura della sicurezza e azioni per assicurare che i diritti dei lavoratori alla sicurezza sul lavoro siano rispettati.

Come indicato, i sindacati svolgono un ruolo chiave nel garantire che i diritti dei lavoratori alla sicurezza sul lavoro siano rispettati. Attraverso la rappresentanza, la formazione e la promozione, i sindacati possono e devono contribuire a creare un ambiente di lavoro più sicuro e salutare per tutti.

## La Rappresentanza Sindacale nella Sicurezza sul Lavoro

In base al D.Lgs. 81/2008, i lavoratori hanno diritto a eleggere un Rappresentante dei Lavoratori per la Sicurezza (RLS), che ha il compito di rappresentare i lavoratori nelle questioni relative alla sicurezza e alla salute sul lavoro. Il RLS ha il diritto di partecipare alle consultazioni sulla sicurezza sul lavoro, di avere accesso a documenti e informazioni pertinenti, e di promuovere iniziative per migliorare i livelli di sicurezza e salute nei luoghi di lavoro.

## Formazione e Informazione Sindacale

Un altro aspetto cruciale del ruolo dei sindacati nella sicurezza sul lavoro riguarda la formazione e l'informazione. I sindacati spesso organizzano e promuovono corsi di formazione sulla sicurezza sul lavoro, con l'obiettivo di garantire che i lavoratori siano informati sui rischi a cui possono essere esposti e su come gestire tali rischi in modo efficace.

In conclusione, le relazioni sindacali sono un elemento essenziale del panorama della sicurezza sul lavoro. Attraverso una collaborazione efficace tra sindacati, datori di lavoro, e lavoratori, è possibile promuovere un ambiente di lavoro sicuro e salutare per tutti.

# Appendice: Risorse Supplementari

Nell'appendice di questo libro, forniamo una serie di risorse supplementari che possono essere utilizzate per ulteriori ricerche, approfondimenti e implementazione pratica di quanto appreso nei capitoli precedenti.

## A. Siti Web di Riferimento

1. INAIL (Istituto Nazionale per l'Assicurazione contro gli Infortuni sul Lavoro): https://www.inail.it
2. Ministero del Lavoro e delle Politiche Sociali: http://www.lavoro.gov.it
3. European Agency for Safety and Health at Work (EU-OSHA): https://osha.europa.eu

## B. Legislazione e Normative

1. Testo Unico sulla Sicurezza sul Lavoro (D.Lgs. 81/2008) - Testo completo: https://www.ispettorato.gov.it/files/2023/03/TU-81-08-Ed-Gennaio-2023.pdf

2. Elenco aggiornato delle normative correlate alla sicurezza sul lavoro: https://www.lavoro.gov.it/Pagine/default.aspx#k=Path:http://authoringlavoronew:1162/documenti-e-norme/normative/Documents

## C. Guide e Manuali

1. Manuale di Gestione della Sicurezza sul Lavoro (SGSL): Pratiche e principi fondamentali. https://www.inail.it/cs/internet/docs/uniinail_lineeguidaip.pdf?section=attivita

2. Guida all'Uso Corretto degli Equipaggiamenti di Protezione Individuale (DPI). Su questo punto considerando la miriade di attività possibili possiamo dare il sito del ministero del lavoro o il sito dell'Inail quali riferimenti generali.

1. Elenco di corsi di formazione sulla sicurezza sul lavoro offerti da enti accreditati.
2. Programmi di formazione continua e aggiornamento professionale.



1. Soluzioni software per la gestione della sicurezza sul lavoro.
2. Strumenti per la valutazione dei rischi.

Vi incoraggiamo a esplorare queste risorse per approfondire la vostra comprensione della sicurezza sul lavoro e per implementare efficacemente le strategie e le pratiche che abbiamo discusso in questo libro. Ricordate, la sicurezza sul lavoro è un impegno continuo che richiede la vostra attenzione costante e l'adattamento alle nuove sfide e opportunità.

**1. Accertamento di idoneità**: Valutazione del Medico Competente per confermare che un lavoratore sia idoneo a svolgere determinati compiti, considerando anche eventuali rischi per la salute.

**2. Agente biologico**: Organismo, o suo derivato, che può causare effetti nocivi agli esseri umani.

**3. Agente chimico**: Qualsiasi sostanza, o composto chimico, che, se presente sul posto di lavoro, può costituire un rischio per la sicurezza e la salute dei lavoratori.

**4. Agente fisico**: Fattore dell'ambiente di lavoro, come rumore, vibrazioni, temperature estreme, radiazioni, che può influire sulla sicurezza o la salute dei lavoratori.

**5. D.Lgs. 81/2008**: Decreto Legislativo italiano noto come "Testo Unico sulla Sicurezza sul Lavoro", che regolamenta la salute e la sicurezza nei luoghi di lavoro.

**6. DPI (Dispositivo di Protezione Individuale)**: Attrezzatura indossata da un lavoratore per proteggersi da specifici rischi alla sua salute o sicurezza.

**7. Ergonomia**: Scienza che studia l'interazione tra gli esseri umani e gli altri elementi di un sistema, con l'obiettivo di ottimizzare il benessere umano e le prestazioni complessive del sistema.

**8. Infortunio sul lavoro**: Evento non voluto che si verifica in un luogo di lavoro e che causa un danno fisico o mentale a un lavoratore.

**9. Malattia professionale**: Malattia contratta a seguito di un'esposizione a fattori di rischio presenti nell'ambiente di lavoro.

**10. Medico Competente**: Medico specializzato incaricato di valutare l'idoneità dei lavoratori a specifici compiti, in base ai rischi per la salute associati.

**11. RLS (Rappresentante dei Lavoratori per la Sicurezza):** Persona eletta o nominata dai lavoratori per rappresentarli nelle questioni relative alla sicurezza e alla salute sul lavoro.

**12. RSPP (Responsabile del Servizio di Prevenzione e Protezione):** Persona incaricata dal datore di lavoro di gestire le attività di prevenzione e protezione dai rischi sul lavoro.

**13. Risk Assessment (Valutazione dei Rischi):** Processo di identificazione dei pericoli, valutazione dei rischi, definizione di misure di controllo e monitoraggio dell'efficacia delle misure di controllo.

**14. SGSL (Sistema di Gestione della Sicurezza sul Lavoro):** Sistema che integra la gestione della sicurezza nelle operazioni quotidiane di un'organizzazione.

**15. Sorveglianza sanitaria:** Insieme di attività mediche, come esami e controlli, intese a valutare e monitorare la salute dei lavoratori in relazione ai rischi professionali.

**16. Stress lavoro-correlato:** Reazione fisica o emotiva dannosa che si verifica quando le richieste del lavoro non corrispondono alle capacità, alle risorse o alle esigenze del lavoratore.

**17.Videoterminalista:** Lavoratore che utilizza un videoterminale in media per più della metà del proprio orario di lavoro giornaliero (circa 20 ore medie alla settimana).

Ricordate, queste definizioni sono solo alcune delle principali e devono essere intese come un punto di partenza per approfondire ulteriormente. Per una comprensione più completa e contestualizzata, si consiglia di fare riferimento a fonti normative e a letteratura specializzata.

Elenchiamo **solo alcune delle principali** norme relative alla Sicurezza sul Lavoro cogenti in Italia. Fare un elenco esaustivo sarebbe un lavoro inutile. Il lettore avveduto userà quanto sottoindicato come punto di partenza per iniziare ad approfondire. L'appetito, siamo sicuri, verrà mangiando.

**1. Decreto Legislativo 9 aprile 2008, n. 81** - Testo Unico sulla Salute e Sicurezza sul Lavoro. Questo è il principale riferimento legislativo per la sicurezza sul lavoro in Italia. Ha integrato e armonizzato diverse leggi preesistenti per fornire un quadro coerente e comprensivo.

**2. Decreto Legislativo 3 agosto 2009, n. 106** - Modifiche ed integrazioni al D.Lgs. 81/2008, introduce importanti novità, tra le quali la formazione dei lavoratori e la sorveglianza sanitaria.

**3. Decreto del Presidente della Repubblica 14 settembre 2011, n. 177** - Regolamento recante la individuazione degli indirizzi per la formazione dei lavoratori, dei dirigenti e dei preposti in materia di salute e sicurezza del lavoro.

**4. Legge 12 giugno 1990, n. 146** - Attuazione dell'articolo 39 della Costituzione, con norme per la soluzione dei conflitti di lavoro.

**5. Decreto Ministeriale 10 marzo 1998** - Individuazione delle attività in cui è richiesta la sorveglianza sanitaria.

**6. Decreto Ministeriale 18 dicembre 1975** - Norme tecniche per la progettazione, la costruzione, l'installazione, l'esercizio e la manutenzione degli impianti di terra e di protezione contro le scariche atmosferiche degli edifici.

**7. Decreto del Ministero della Salute 15 luglio 2003** - Lista delle malattie croniche e invalidanti che danno diritto all'esenzione dal pagamento del ticket per le prestazioni di assistenza sanitaria specialistiche e di laboratorio.

**8. Regolamento (UE) 2016/425 del Parlamento europeo e del Consiglio del 9 marzo 2016** - Riguardante i dispositivi di protezione individuale ed abroga la Direttiva 89/686/CEE del Consiglio.

**9. Direttiva 2013/35/UE del Parlamento europeo e del Consiglio del 26 giugno 2013** - Sulla sicurezza in materia di esposizione dei lavoratori ai rischi derivanti da campi elettromagnetici (20ª direttiva particolare ai sensi dell'articolo 16, paragrafo 1, della Direttiva **89/391/CEE**).

Questi riferimenti sono fondamentali per comprendere il quadro normativo nel quale si sviluppa la gestione della sicurezza sul lavoro. È fondamentale consultare i testi originali per un approfondimento completo e dettagliato.

Proviamo adesso ad esemplificare un caso specifico, cioè quello di una piccola impresa artigiana che abbia due soci lavoratori, ad esempio SNC, ed abbia quattro dipendenti. Per non complicarci troppo il criterio esemplificativo ipotizziamo che i quattro dipendenti siano tutti con una buona esperienza lavorativa, tra 10 anni e 25 anni, senza apprendisti o lavoratori a termine.

Vediamo allora quali sono i passi da compiere e cosa dobbiamo fare nel dettaglio per rendere idonea secondo i requisiti del decreto del legislativo 81/2008 l'impresa e che per facilità di esempio chiameremo "il bravo falegname SNC".

Innanzitutto, nella nostra SNC che si chiama "il bravo falegname", dobbiamo Procedere alla sistematizzazione delle attività da compiere in quanto supponiamo non esista nulla in tema di sicurezza sul lavoro.

Punto 1 – Il primo atto in assoluto, la prima cosa da fare in una SNC così come in ogni altra forma societaria, è quella di identificare la figura del Datore di Lavoro. Essendo SNC una società di persone per la normativa vigente ogni socio è titolare del rapporto di lavoro, ed è anche titolare del potere di spesa; quindi, dobbiamo indicarne un responsabile tra i due soci. È buona prassi identificare chi dei due soci rappresenta l'azienda nei confronti del decreto 81/2008, quindi formulare un atto delegatorio che identifichi il Datore di Lavoro perché in mancanza della delega, le sanzioni saranno moltiplicare per ogni socio poiché nelle società di persone tutti i soci sono ugualmente rappresentanti della società. Ragionamento con sfumature diverse sarebbe in caso di una società di capitali, ma il buon consulente saprà guidarvi in queste scelte.

Punto 2 - il punto due riguarda la nomina oppure l'elezione, a seconda dei casi del rappresentante dei lavoratori per la sicurezza, il cosiddetto RLS. Questa figura va scelta in ambito sindacale qualora occorrano determinate prerogative. Anche in questa situazione il bravo consulente saprà guidarvi nella scelta.

Punto 3 - il punto tre riguarda la nomina del responsabile del servizio di prevenzione e protezione cosiddetto RSPP e del medico competente. Queste due nomine sono promosse dal datore di lavoro essendo una sua propria prerogativa non delegabile.

Punto 4 - il punto quattro, considerando la presenza di tutti i soggetti della prevenzione, può essere il momento nel quale si possono avviare tutte le attività relative alla sicurezza. Questo è il momento in cui si decidono le strategie su come agire, le tempistiche sulle quali agire, e le modalità di relazioni industriali che si ritiene di dover adottare.

Punto 5 - a questo punto possiamo iniziare con l'elaborazione del documento di valutazione dei rischi. Tale documento, come abbiamo già espresso nelle pagine precedenti, parte dall'individuazione dei pericoli. Proviamo a vedere quali possono essere: naturalmente è inutile dire che la trattazione in questa sede è del tutto esemplificativa non esaustiva, e vuole far comprendere la metodologia e non certo portare dei risultati definitivi, per questo o ovviamente il buon consulente saprà come guidarvi.

*Individuazione dei Pericoli presso la ditta "il bravo falegname SNC"*

In una piccola impresa artigiana di falegnameria che abbiamo chiamato "il bravo falegname SNC", le macchine e le attrezzature possono rappresentare la principale fonte di pericoli. Ecco alcuni esempi:

1. Infortuni da Macchine: Gli infortuni possono verificarsi quando le parti in movimento di macchine come seghe circolari, pialle, trapani, fresatrici o levigatrici entrano in contatto con il corpo. Le lesioni possono includere tagli, amputazioni, abrasioni o schiacciamenti o peggio.

2. Pericoli Elettrici: Le macchine elettriche, se mal mantenute o usate inappropriatamente, possono causare scosse elettriche anche letali o incendi.

3. Polveri di Legno: L'uso di macchine per la lavorazione del legno può generare polveri di legno, che se inalate possono causare problemi respiratori e allergie. Alcuni tipi di polveri di legno possono essere anche cancerogeni.

4. Rumore: Le macchine per la lavorazione del legno possono produrre livelli di rumore elevati, che possono causare perdita dell'udito a lungo termine o stress acustico.

5. Vibrazioni: L'uso prolungato di alcune macchine può causare vibrazioni dannose per le mani e le braccia, che possono portare a disturbi circolatori, nervosi o muscoloscheletrici.

6. Movimentazione Manuale: La movimentazione manuale di attrezzature pesanti o di pezzi di legno può causare infortuni muscoloscheletrici, come distorsioni, strappi o problemi alla schiena.

7. Sostanze Chimiche: L'uso di vernici, colle, solventi e altri prodotti chimici può comportare rischi per la salute se non maneggiati correttamente, inclusi problemi respiratori, irritazioni della pelle o degli occhi, o effetti tossici a lungo termine.

L'identificazione di questi pericoli è il primo passo verso la gestione efficace della sicurezza sul lavoro. Dopo aver identificato i pericoli, le misure di controllo e mitigazione appropriate possono essere implementate per ridurre il rischio di infortuni.

Una volta terminata la fase di individuazione dei pericoli possiamo passare alla conseguente individuazione e valutazione dei rischi. Come abbiamo visto comprendere la differenza tra pericolo e rischio è determinante per fare una efficace valutazione del rischio. Infatti, se il pericolo è una situazione di per sé potenzialmente dannosa che può condurci ad un infortunio, il rischio invece e la concreta possibilità che avvenga l'infortunio o la malattia professionale. Per dirla meglio: un martello di per sé è pericoloso ma non è rischioso fintanto che non incontra il dito che schiaccerà. Per fare un ulteriore esempio un chiodo è uno strumento non pericoloso di per sé, diventa rischioso nel momento in cui si conficca in una mano o in un piede.

Pertanto, la presenza di macchinari attrezzature impianti rappresenta certamente un pericolo potenziale ma non rappresenta un rischio fintanto che l'interazione con il lavoratore non ne genera un infortunio o una malattia professionale.

Quindi possiamo definire il pericolo con la lettera P il rischio con la lettera R e l'esposizione al pericolo, cioè la frequenza con la lettera F, come fattore rischioso.

L'equazione, infatti, che dobbiamo sempre tenere a mente è la seguente:

$$P \times F = R$$

Il pericolo moltiplicato la frequenza espone al rischio.

*Ma perché la frequenza è così importante?*

La frequenza è estremamente importante perché tanto più ci si espone ad un pericolo e tanto maggiore la probabilità che avvenga il rischio.

L'esempio che facciamo spesso riguarda ad esempio un paracadutista. Ipotizziamo che il paracadutista faccia un lancio solo in tutta la vita, rispetto a un secondo paracadutista che faccia un lancio tutti i giorni della sua vita. Come è facile comprendere il primo si espone un pericolo ma con una frequenza molto bassa e quindi il rischio sarà molto basso, il secondo si espone allo medesimo pericolo del primo ma l'esposizione (frequenza) è molto alta essendo quotidiana, pertanto il rischio del primo possiamo definirlo basso, mentre il rischio del secondo potremmo definirlo molto alto. Credo che non vi siano dubbi nel comprendere facilmente che entraambi rischino la vita ma il primo rischia poco, mentre il secondo rischia molto.

Una volta compreso il fattore frequenza di esposizione quale aspetto determinante, noi dovremmo individuare nella nostra falegnameria i gruppi di lavoratori che hanno il medesimo lavoro, ossia la medesima mansione, e identificare <u>per ogni mansione</u> qual è il rischio a cui sono esposti.

Visto che sono utili gli esempi, proviamo a immaginare due gruppi di lavoratori.

- Il **primo gruppo** utilizza seghe circolari, pialle, trapani, fresatrici o levigatrici, ed è composto da due lavoratori;
- Il **secondo gruppo** trasporto sul furgone il prodotto che è stato costruito nella falegnameria e si reca presso il cliente per il montaggio;

Comprendete che mentre il primo gruppo è esposto al pericolo delle attrezzature che abbiamo indicato in maniera esemplificativa, e quindi sarà esposto a un pericolo quotidiano con una frequenza quotidiana e con un rischio conseguentemente elevato, mentre il secondo gruppo sarà esposto quotidianamente ad altro tipo di pericolo con una rischiosità decisamente più bassa e diremmo minore rispetto al primo.

Proviamo a fare una simulazione di valutazione del rischio su questi due gruppi:

Gruppo 1:	Pericolo alto x Frequenza alta = Rischio Alto

Gruppo 2:	Pericolo Medio-Basso X Frequenza alta = Rischio Medio

Il gruppo 1 come vediamo ha un pericolo alto perché il contatto quotidiano frequente con macchinari con un alto indice di pericolosità e con una frequenza alta, determinano un alto rischio con un'alta probabilità di contrarre un infortunio o una malattia professionale.

Il gruppo 2 come vediamo ha un pericolo medio-basso una frequenza alta e quindi un rischio che potremmo definire medio.

A questo punto dovremmo compilare una valutazione specifica <u>per ognuna</u> delle mansioni individuate, tenendo però presente che un lavoratore può svolgere anche più di una mansione.

Ad esempio, i lavoratori del gruppo due potrebbero, oltre che fare lavori di montaggio e trasporto di mobili, anche fare manutenzioni e pulizie sulle macchine come anche sollevare manualmente pesi. Considerando che tutti i lavoratori frequentano comunque un ambiente pieno di polveri di legno, che come abbiamo detto prima, potenzialmente dannose per l'apparato respiratorio oppure anche cancerogene.

## La valutazione dei Rischi

La valutazione del rischio o dei rischi, come riusciamo a capire potrebbe essere un documento assai corposo perché bisogna considerare tutti i pericoli per tutte le mansioni, e dove esistono come nel nostro esempio quattro lavoratori, potrebbero essere tutti dedicati a mansioni diverse, in tali momenti sovrapponibili, e quindi da gestire in maniera pressoché individuale.

A tal fine la valutazione del rischio del gruppo 2 deve identificare i pericoli di ogni mansione che svolgono e nel documento di valutazione del rischio vanno identificati i vari gruppi di mansioni con i vari rischi aggregati da cui discenderanno azioni specifiche e formazione specifica.

Il documento di valutazione del rischio quindi possiamo considerarlo come una matrice, nella quale nella prima colonna potremmo individuare i pericoli, nella seconda colonna la frequenza di esposizione e nella terza e ultima colonna il dimensionamento o la quantificazione del rischio. Il legislatore non ci chiede di utilizzare un metodo univoco per la quantificazione dei rischi, può andar bene usare una scala da 1 a 10, oppure una scala di valori basso-medio-alto, o una scala da 1 a 100. Come vedete la metodologia ed i criteri sono a carico del Valutatore, il quale secondo la propria esperienza sceglierà un metodo e una rappresentazione grafica. Certo è che deve essere uno strumento operativo di lavoro quindi comprensibile e chiaro, l'eccesso di carta non è mai indice di chiarezza.

Considerando che il documento della valutazione dei rischi non è uno strumento a sé ma è il punto di partenza per la gestione della sicurezza all'interno dell'azienda da tale documento discendono tutta una serie di attività.

Proviamo a vederle nel dettaglio e ad esemplificare tenendo sempre presente che stiamo parlando della nostra piccola falegnameria.

Una volta che ho individuato una mansione specifica alla quale sono dedicati dei pericoli specifici che generano dei rischi specifici la domanda che mi devo porre è la seguente: come posso eliminare o ridurre il rischio?

Questa è una fase importante del nostro ragionamento, perché come vediamo per i lavoratori del gruppo 1 il pericolo dato dall'interazione con determinati macchinari non è eliminabile in quanto il rischio deriva dalla moltiplicazione del pericolo di uso di macchinari e dalla frequenza. Quindi come faccio a gestire il rischio una volta che ho capito che non è possibile eliminarlo? Le strade sono diverse e proverò a indicarle per sommi capi.

- Fare in modo che le macchine siano il meno pericolose possibili. Questo lo posso fare soltanto con l'installazione di sistemi passivi di sicurezza tipo microinterruttori, paratie di protezione ecc... tuttavia è bene specificare, e su questo c'è spesso molta confusione, che macchine o macchinari non sicuri non possono essere utilizzati, essi devono rispondere a le norme tecniche presenti alla data di costruzione della macchina e rispondere ai requisiti previsti dalla cosiddetta Direttiva Macchine. Quindi non è sufficiente inserire dei blocchi di sicurezza su macchine che non ne sono provviste in quanto le macchine per essere avviate all'attività devono già essere provviste di tutti dispositivi di sicurezza passiva; quindi, il presente punto di per sé non dovrebbe essere nemmeno trattato in quanto le macchine devono essere già intrinsecamente sicure.
- Formare il lavoratore sull'uso sicuro delle macchine. È vero che parliamo di formazione ma in realtà noi ci riferiamo soprattutto all'addestramento. Formazione sembra un termine aleatorio nel senso che viene applicata a coloro che non sanno, ma spesso

lavoratori con 10 anni di esperienza o 15 anni di esperienza sanno bene come si utilizza la macchina in sicurezza. Vanno semmai addestrati e va condotta un'azione di tipo culturale tesa sensibilizzare sulla necessità di una attività cosciente e sollecitare sulle procedure di emergenza connesse ad un eventuale infortunio.

- Dotare il lavoratore di idonei dispositivi di protezione individuale (DPI). I lavoratori come più volte detto debbono essere dotati di tutti i dispositivi di protezione individuale previsti per la mansione specifica. Se un lavoratore ha più mansioni dovrà avere dispositivi di protezione individuale disponibili per ogni mansione che svolge, tenendo però sempre conto che i dispositivi di protezione sono utili se indossati, e spesso il lavoratore per incuria evita di indossarli o anche per una questione di comodità. Il compito del datore di lavoro è verificare che i lavoratori utilizzino sempre gli idonei dispositivi di protezione ad essi assegnati per ogni singola mansione.

- Sottoporre ai lavoratori alla sorveglianza sanitaria. Questo è un punto molto importante perché la sorveglianza sanitaria deve essere applicata per ogni mansione che il lavoratore è portato a svolgere. Se quindi un lavoratore fa due o più mansioni il medico competente dovrà fare degli accertamenti sanitari che prevedono la visita, degli accertamenti audiometrici, spirometrici, ematici, funzionali a carico del rachide, anche visivi per accertarsi che il lavoratore abbia i necessari requisiti per essere giudicato idoneo.


Quindi ricapitolando gli atti che abbiamo fin ora visto sono:

- individuazione del datore di lavoro
- elezione o nomina del rappresentante dei lavoratori
- nomina del medico competente e del responsabile della sicurezza
- costituzione del team di lavoro
- elaborazione del documento di valutazione del rischio


a questo punto rimangono altre cose da fare per rendere conforme l'azienda ai dettami dell'81/2008 che sono:

I programmi di formazione prevedono la formazione relativa all'accordo Stato Regioni che prevede una formazione di 8 ore per tutti i lavoratori, in quanto il concetto di lavoratore-formato lavoratore-sicuro è pienamente soddisfatto.

Cos'altro rimane da fare allora?

Nomine Dirigenti, Preposti, Addetti

Rimane da individuare e nominare i dirigenti e i preposti e nominare gli addetti al primo soccorso e all'antincendio.

Quanti lavoratori servono per la squadra antincendio e per quella di primo soccorso?

Naturalmente dipende dal livello organizzativo dell'azienda, dalla quantità di lavoratori, dalla strutturazione dei luoghi di lavoro, e da molti altri fattori. Nel nostro caso visto che siamo in una piccola falegnameria è sufficiente che ci siano almeno due addetti al primo soccorso e due addetti all'antincendio.

Perché scegliamo che siano due per ogni compito?

La scelta dei lavoratori da nominare è sempre soggetta alla possibilità che questi lavoratori possano essere assenti sul luogo di lavoro. La cosa da scongiurare e che possa accadere un infortunio mentre entrambi i lavoratori addetti al primo soccorso sono fuori dall'azienda per lavoro o anche soltanto per ferie o assenza di malattia, o caso analogo che scoppi un incendio quando entrambi gli addetti antincendio sono fuori per lavoro o assenza per malattia o ferie.

Siccome la sicurezza sul lavoro è un aspetto importante, e in una piccola falegnameria come la nostra il rischio incendio è decisamente elevato sebbene gli impianti elettrici siano certificati antincendio antiscoppio, sebbene non possano essere utilizzate fiamme libere, sebbene viga il divieto di fumo potrebbe comunque, per un evento accidentale, propagarsi un incendio. In tal caso è opportuno che ci siano persone formate che sappiano manipolare e gestire i dispositivi e i presidi antincendio e che sappiano scongiurare il peggio, cogliendo in tempo una situazione che potrebbe degenerare.

Pertanto, la scelta sul numero e sulla gestione dei lavoratori nominati per l'antincendio e primo soccorso, come comprendiamo è decisamente soggettiva. Il legislatore affida infatti al datore di lavoro l'onere di individuare quante persone formare e come gestire i cicli di lavoro in maniera che ci siano sempre presenti persone competenti. In un mondo idilliaco, cioè che rasenti la perfezione, tutti i lavoratori sono formati per il primo soccorso e l'antincendio in modo che ci sia sempre chi sappia affrontare una situazione di emergenza.

L'elaborazione del piano di emergenza ed evacuazione è il passo successivo a quello della nomina e della formazione degli addetti al primo soccorso all'antincendio e all'evacuazione.

Il piano di emergenza evacuazione deve essere, come già detto, il più dettagliato possibile, deve tener conto di ogni emergenza potenziale possibile; quindi, nel nostro caso nella nostra falegnameria possiamo individuare vari tipi di emergenza:

- emergenza da incendio: questo tipo di emergenza generata da situazioni varie deve tener conto nel dettaglio di come viene affrontata questa emergenza. Bisogna individuare chi valuta (nominato) se l'emergenza prevede l'evacuazione dei locali, se l'emergenza prevede la chiamata ai vigili del fuoco, se l'emergenza potrebbe svilupparsi e degenerare anche ad altri locali adiacenti o limitrofi, e deve essere gestita da un cosiddetto responsabile dell'emergenza, che deve essere persona dotata di autorità e di esperienza.
- Emergenza da allagamento inondazione: anche questa emergenza può essere generata da situazioni varie e deve tener conto nel dettaglio di come deve essere affrontata questa emergenza. Bisogna individuare un responsabile dell'emergenza che valuta se necessita evacuare i locali se prevede la chiamata alla protezione civile se tale emergenza potrebbe coinvolgere anche altri locali adiacenti o limitrofi individuando ed immaginando quali conseguenze potrebbe generare. Anche in questo caso l'emergenza deve essere gestita da una persona dotata di autorità ed esperienza per comprensibili situazioni di ruolo.
- Emergenza da terremoto o altre cause naturali: questa emergenza può essere generata da cause naturali imprevedibili e deve tener conto nel dettaglio, il più possibile di come deve essere affrontata questa emergenza. Bisogna individuare e definire preliminarmente il responsabile dell'emergenza così come in ogni altro caso citato precedentemente che valuti se necessita evacuare locali e se prevedere una chiamata alla protezione civile piuttosto che alla pubblica sicurezza. Il

responsabile dell'emergenza inoltre deve valutare se evacuare i locali se coinvolgere o aiutare locali vicini o limitrofi o adiacenti in quanto l'emergenza da terremoto e un'emergenza che coinvolge non solo l'attività specifica ma anche le attività della zona.

Potremmo elencare molti altri tipi di emergenza ma a noi interessa esemplificare l'argomento e far comprendere come nella nostra piccola falegnameria potrebbero svolgersi le cose. Teniamo però presente un aspetto ulteriore, cioè quanto citavamo nel libro ad aspetti relativi alla Disaster recovery e alla business Continuity eventi dannosi come un'emergenza da incendio da terremoto o da alluvione possono essere estremamente impattanti e distruggere la realtà dell'azienda. Quindi un piano di Disaster recovery e di business Continuity possono quantomeno salvaguardare l'attività produttiva in senso stretto mettendo in condizioni l'azienda di continuare ad operare e a poter produrre per poter generare reddito per i propri lavoratori e non andare incontro ad un fallimento.

Prove di Evacuazione

Come già detto nel corso del manuale, il fondamento del piano di evacuazione di qualsiasi emergenza si tratti prevede delle prove di evacuazione queste sono tese a testare ed allenare i lavoratori ad affrontare questo tipo di anomalia. Abbiamo già detto sopra per cui non mi dilungo oltre.

Nell'analisi delle attività obbligatorie siamo quasi al termine, ne restano poche altre ma sono di vitale importanza. Provo a riassumerle elencandole in quanto consentono il mantenimento del funzionamento del Sistema.

- Protocollo di manutenzione: la norma prevede che i macchinari le attrezzature gli impianti e ogni strumento della attività lavorativa deve essere mantenuto in perfetto stato di funzionamento per evitare che la cattiva cura possa essere un fattore aggiuntivo al pericolo del macchinario stesso. È evidente che un macchinario non manutenuto è più pericoloso di un macchinario manutenuto in maniera corretta. Il protocollo di manutenzione prevede tutta una serie di attività che sono dettagliate nel libretto di uso e manutenzione della macchina o dell'impianto stesso.

Un programma di manutenzione per le macchine e gli impianti della nostra falegnameria potrebbe includere i seguenti passaggi:

1. Verifica quotidiana: Le macchine devono essere controllate quotidianamente prima dell'utilizzo. Questo dovrebbe includere la verifica del funzionamento corretto di tutte le parti in movimento, il controllo delle perdite di olio o altri fluidi e la verifica della corretta messa a terra delle macchine.

2. Manutenzione settimanale: Ogni settimana, è necessario eseguire una manutenzione più approfondita. Questo potrebbe includere la pulizia delle macchine per rimuovere polvere e detriti di legno, la verifica delle cinghie di trasmissione, la lubrificazione delle parti mobili e il controllo dell'usura delle lame.

3. Manutenzione mensile: Ogni mese, si dovrebbe eseguire un controllo più dettagliato delle macchine. Questo potrebbe includere la sostituzione delle lame usurate, la verifica delle condizioni dei cavi elettrici e dei connettori, il controllo del corretto funzionamento dei sistemi di sicurezza come gli interruttori di emergenza e le protezioni delle macchine.

4. Manutenzione annuale: Una volta all'anno, è opportuno fare una manutenzione completa delle macchine. Questo dovrebbe includere la verifica del corretto funzionamento di tutte le parti della macchina, il controllo del sistema di aspirazione delle polveri, la pulizia dei motori e dei filtri dell'aria, e la sostituzione di qualsiasi parte usurata o danneggiata.

5. Registro di manutenzione: Tutte le attività di manutenzione dovrebbero essere registrate in un registro di manutenzione. Questo dovrebbe includere la data della manutenzione, le attività svolte, le parti sostituite e qualsiasi problema riscontrato.

6. Formazione del personale: Infine, è fondamentale che tutto il personale sia adeguatamente formato sull'uso sicuro delle macchine e sull'importanza della manutenzione regolare. Questo dovrebbe includere sia la formazione iniziale che la formazione continua e l'aggiornamento della formazione all'uso dei DPI specifici.

Ricorda, un programma di manutenzione efficace può aiutare a prevenire gli infortuni, a mantenere le macchine in buone condizioni di funzionamento e a garantire una produzione efficiente e sicura.

Quindi ad ora ricapitolando gli atti che abbiamo visto per la nostra falegnameria sono:

- individuazione del datore di lavoro
- elezione o nomina del rappresentante dei lavoratori
- nomina del medico competente e del responsabile della sicurezza
- costituzione del team di lavoro
- elaborazione del documento di valutazione del rischio
- nominare Dirigenti, Preposti ed addetti P. Soccorso, Antincendio, Evacuazione
- elaborazione dei programmi di formazione generale e specifica
- elaborazione piano di evacuazione
- prove di evacuazione
- piani di manutenzione macchine, impianti ed attrezzature

Con questa breve panoramica sulla nostra falegnameria concludiamo il nostro piccolo manuale sulla sicurezza a beneficio della piccola impresa. Questo libro vuole essere un compendio che possa aiutare l'azienda a districarsi nelle difficoltà quotidiane facendo in modo che la sicurezza sul lavoro non divenga una di esse. Inoltre, abbiamo voluto dare uno strumento comparativo per far si che il datore di lavoro non sia in ostaggio del cattivo consulente e fare in modo che Egli o Ella possa porre quesiti corretti a chi hai chiamato a fare un lavoro tecnico-consulenziale.

Il presente manuale è del tutto introduttivo e non esaustivo, e come detto nelle premesse, abbiamo voluto utilizzare un linguaggio semplice fatto di parole semplici e facilmente comprensibili. Non abbiamo voluto usare eccessivi tecnicismi e non abbiamo voluto trincerarci dietro la selva di norme che nel tempo si sono succedute e che hanno reso questa disciplina un ambito prevalente per iniziati.

Speriamo che questo volume incontri il tuo favore e qualsiasi cosa tu voglia chiederci abbiamo inserito la mail di riferimento alla quale puoi scriverci.


Grazie


Urbano Tozzi

1. INAIL (Istituto Nazionale Assicurazione Infortuni sul Lavoro) - Organismo italiano che fornisce risorse, formazione e supporto per la prevenzione degli infortuni sul lavoro.

2. ISPRA (Istituto Superiore per la Protezione e la Ricerca Ambientale) - Organizzazione governativa che fornisce informazioni e risorse sulla protezione ambientale, tra cui la sicurezza sul lavoro.

3. EU-OSHA (Agenzia Europea per la Sicurezza e la Salute sul Lavoro) - Organizzazione europea che fornisce risorse, dati di ricerca e linee guida sulla sicurezza e la salute sul lavoro.

4. OSHA (Occupational Safety and Health Administration)- Agenzia governativa statunitense che fornisce informazioni, linee guida e standard di sicurezza sul lavoro.

5. Sito ufficiale del Ministero del Lavoro e delle Politiche Sociali - fornisce una serie di risorse utili e informazioni relative alla legislazione sul lavoro in Italia.

6. NORMATTIVA - Il portale del Governo italiano per la consultazione delle normative vigenti.

7. WHO (World Health Organization) - Fornisce risorse globali sulla salute pubblica, compresa la salute e la sicurezza sul lavoro.

8. Sito del Ministero della Salute - Informazioni sulla sorveglianza sanitaria e sulle malattie professionali.

9. Net S.r.l.- Piattaforma di formazione online che offre corsi sulla sicurezza sul lavoro.

Queste risorse sono un punto di partenza eccellente per espandere la tua conoscenza sulla sicurezza sul lavoro e sulla gestione della sicurezza in azienda.

Per ogni richiesta o informazione specifica siamo disponibili al link: info@netsrl.net

Grazie per la Lettura di questo testo. Per chi volesse darci un parere sul presente volume non esiti a farlo all'indirizzo email sopra indicato.